436
Le SPECIALITÀ ITALIANE
PASTICCERIA FRESCA
DI
NOSTRA PRODUZIONE
1323
U0334049

pasticceria
BAR
Rizzardini
Sabrina

VENISE

威尼斯味道

我 家 厨 房 里 的 异 国 美 味

VE 8886
6V.236

VENISE

威尼斯味道

我家厨房里的异国美味

（法）劳拉·扎万 著　侯婷婷 译

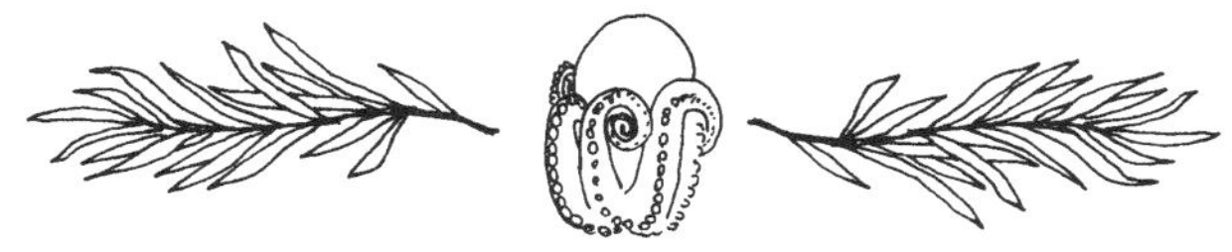

華中科技大學出版社
http://www.hustp.com

前言

朋友们从威尼斯回来后，写信给我讲述了他们的旅程。在他们的描述中，我发现他们几乎都没有品尝过鳕鱼松、醋渍沙丁鱼、黑墨鱼等威尼斯的“贵族美食”。于是，我产生了写这本书的想法，想通过书让人们了解威尼斯美食，让他们在下一次去威尼斯的时候能够漫步威尼斯菜市场，品尝真正的威尼斯菜，还有那些令人难以置信地生长在盐碱地里的时令蔬菜，以及生长在泄湖里味道独特的鱼，这才是真正的好东西。这些菜一定会让你惊艳！它之所以如此丰富多样，首先应该归功于这几个世纪来往于威尼斯小城的不同人群，如罗马人、拜占庭人。其次是丰富的文化，比如犹太文化、伊斯特拉半岛和达尔马提亚文化。我的这本菜谱基本都是当地朋友们和威尼斯饭馆的传统菜和秘方菜，这些在本书的结尾都有提及。这本书可以让你在回到自己家后，把所有威尼斯菜的味道都回忆起来。只需用心品尝食物的味道，就一定会有惊喜。

历史

提齐安诺·斯卡帕（Tiziano Scarpa）在他的书《威尼斯是一条鱼》中提到，威尼斯是一座有魔力的百岛城。有人说它是由成千上万的枝条连接起来的群岛，当地的安康圣母大教堂可以说就是建立在几百万个枝条之上的。威尼斯诞生之初是为了抵御侵略和开展贸易。一开始是贩卖盐，而后是香料，最后威尼斯成了所有征服地中海战争的必经之路。从形状上看，威尼斯确实像一条鱼。它游了很久，从远处带来了财富和知识，使它成为占经济主导地位的大国，而且一直持续了数个世纪。之后威尼斯也经历了衰落，从商业中心变成了休闲和娱乐城市，根据卡萨诺瓦（Casanova）回忆录的记载，这里的狂欢节会一直持续6个月。

城市

威尼斯是独一无二的。在21世纪，它展现在我们面前是这样的：在威尼斯，我们可以远离人群，可以迷失在小巷里；它使我们内心回归安静，放慢生活节奏，重新发现生活中的美；它唤醒我们所有的感觉，让我们畅游其中。游客饿了，威尼斯时刻准备着邀请他入座，请他去酒吧，去饭店。在那里，他可以自由品尝美食，享受美食带来的欢乐。威尼斯人经常说“andare a bacari（去酒吧）”。要知道，这是一种社交性活动，在这种活动中，人们可以快速地品尝美食。我强烈建议大家每天都要去几次，这样才能更深刻地感受威尼斯的气氛。每间酒吧的社交气氛都不一样，来酒吧的客人都很多。各种娱乐就在你身边进行，气氛很热烈。威尼斯是一个让人们相遇和重逢的地方。威尼斯，对充满好奇的人来说，是一座有魔力的城市。在每个人眼里，都有属于他自己的威尼斯！

Melinda

目录

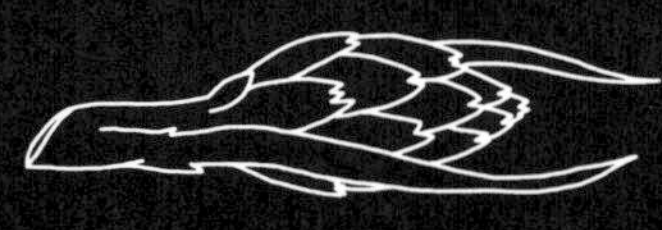

威尼斯小吃

威尼斯小酒吧和威尼斯小吃

威尼斯开胃酒

威尼斯的小酒吧是快餐和快乐时光的发源地，其历史可以追溯到19世纪中叶。不管什么时候去那里，我们都可以尝到很多威尼斯美食和小吃。这里也是约会、喝鸡尾酒的好地方。人们说“喝酒吧的酒”意思就是“喝酒来庆祝”。人们会喝小杯的被叫作是“影子”的酒，或者喝点鸡尾酒，还可以吃点小吃，柜台上有各种各样好吃的小吃，比如威尼斯煮章鱼、奶油鳕鱼配玉米饼干、肉丸等。

鳕鱼

大西洋鳕是一种在当地创收的鱼，也叫水化干鳕鱼，或者鳕鱼。在巴卡里的柜台上随处可见，既可以作为开胃菜，也可以做沙拉或者是主菜。有一个非常重要的小细节需要注意：在意大利，人们把咸鳕鱼叫做巴卡拉（baccalà），鳕鱼干叫做"stockfish"（stoccafisso或者在南部叫作"stocco"）。但在威尼斯，"baccalà"这个词，可以同时指咸鳕鱼和鳕鱼干。

同时，几乎所有的菜都以鳕鱼为底料。15世纪中叶，彼得洛斯坦船长和他的船员在挪威海罗弗敦群岛附近发生沉船事故后，鳕鱼干才被引入威尼斯食谱。这些水手在罗斯特村庄受到了热情接待，在那里，他们学会了捕鱼、烘干和制备干鳕鱼的技术，后来，他们把这些技术都带回了国内。鳕鱼干由于保存时间长和独特的风味，获得了巨大的成功。在斋戒日成为令基督徒充满敬畏的食物，特伦托会议更是提升了它的知名度。第一道以鳕鱼干为原料的菜可以追溯到1570年，这道菜出现在了巴托洛米奥·斯嘎皮（Bartolomeo Scappi）的著作《烹饪艺术集》中，他是教皇皮乌斯五世的御用主厨，书中罗列了几千道菜谱，被奉为菜谱中的圣经。这么多的菜谱中，有好多都是以鳕鱼干为原料的。17世纪之后，鳕鱼干就变成了最流行、最受欢迎的菜。

如何制作呢？

制作鳕鱼干，首先要把鳕鱼泡到水里4—5天，每天要换几次水。在威尼斯出售的鳕鱼都是被泡过的，因为除了最热的几个月，人们经常要买鳕鱼干。鳕鱼干虽然失去了70%的重量，但仍然含有丰富的蛋白质、维生素、铁和钙，被水泡过之后，重量会翻番。可以按每人100克来计算鳕鱼干。应优先考虑质量上乘的白肉（被称为"rango"，这个叫法来自挪威出口商）。

如果没有鳕鱼干（在意大利以外的地方很难找到），我在我的书里用的是咸鳕鱼干，虽然肉的纹理是不一样的，味道也不太明显，但结果令人很满意！

——如果，你买的是整条咸鳕鱼，那么需要把它淡化，放在水里泡2—3天，每天都要换几次水。

——如果买的是咸鳕鱼脊，那么在水里泡24小时就够啦。但是别忘了要换几次水。

——如果买的是切成片的鳕鱼，可根据厚度，泡30分钟左右。

——如果都不是的话，可以买速冻的鳕鱼。

奶油鳕鱼

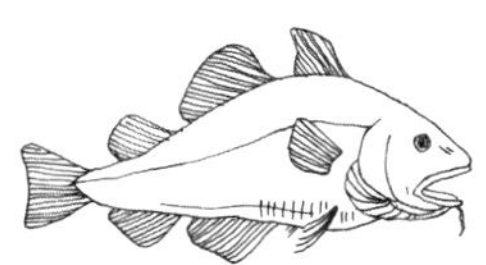

这道奶油鳕鱼是我最喜欢的菜！

份量：6人份　脱盐：30分钟—12小时　准备：30分钟　烹饪：5分钟

300克脱盐的鳕鱼（见11页）
15毫升（必要时可以多一点）葡萄籽油或者花生油
5毫升橄榄油
1片月桂叶
1把香芹
1瓣大蒜
2—3片鳀鱼排或者1匙咸酸豆汤
盐、胡椒粉

在平底锅里，倒入冷水使水没过鳕鱼，加入月桂叶、大蒜以及香芹杆。加热至沸腾，待沸腾5分钟后，关火，撇去泡沫，在锅里慢慢冷却20分钟。把鳕鱼捞出沥干，用手挑出鱼肉中的刺。然后把鱼肉放到搅拌机中进行搅拌，同时慢慢滴少许橄榄油到鱼上，就像倒入蛋黄酱一样，一直搅拌直到浓稠呈奶油状。橄榄油的多少取决于鱼肉的质量、鱼肉的肥瘦以及鱼肉吸收橄榄油的比例。加入切碎的香芹叶、胡椒粉和盐，如果有必要的话，加入切碎的鳀鱼肉和咸酸豆。放到玉米糕（见194页）或者是面包上，一起食用。

小窍门

如果您使用的是鳕鱼块，可以保留一部分鱼皮，因为鱼皮可以更好地黏合奶油。如果您想要奶油淡一些，可以在烹饪过程中多倒水，少倒些油。切忌倒入牛奶、奶油和面粉！如果您家里没有搅拌机，可以用1个木勺在倒入油的同时沿同一方向进行搅拌。

备注

威尼斯正宗的奶油鳕鱼汤是用咸鳕鱼干做的，在威尼斯到处都有卖用水泡过后的鳕鱼。如果您买回来的是鳕鱼干（建议购买真空包装），那么需要在水中泡4—5天，同时，每天都要换几次水，然后就可以像做咸鳕鱼一样开始烹饪了。

三种鳕鱼汉堡

把长棍面包切成1厘米左右的面包片，然后烤出来，里面可以填3种鳕鱼。**奶油鳕鱼**（见12页）；**维琴察鳕鱼酱**（见148页），接下来讲的是**鳕鱼沙拉**的做法。

鳕鱼沙拉

份量：6人份　准备：20分钟　烹饪：15分钟

1千克水泡过的鳕鱼干
4瓣大蒜，切成两半
1把香芹碎
橄榄油
盐、胡椒粉

鳕鱼冲洗干净之后，放到平底锅里，倒入水，水面要全部覆盖住鳕鱼。加入大蒜和洗净的香芹，加热15分钟直到沸腾。把鳕鱼捞出来沥干，放到碗里冷却。去除鱼皮和骨头，用叉子把肉弄碎，加入橄榄油、盐、胡椒粉和香芹调味。把它放到面包上或者拌到沙拉里。

使用烤箱的另一种做法

这道菜来源于一个古老的菜谱。把大蒜、香芹油炸回锅，然后与预先煮好的鳕鱼干拌起来。把这些全都放到烤箱里，上面浇上牛奶。最后，加入葡萄干和松子。

※鳕鱼干的准备见11页。

油炸鳕鱼

一般，鸡尾酒的配菜是薯片，其主食是鱼。但是在威尼斯，却是鳕鱼而不是薯片！

份量：6人份 准备：30分钟
烹饪：15分钟 放置：10分钟

在1杯加气的水中，加1个鸡蛋和100克面粉搅拌，搅拌均匀后把面糊放10分钟。把500克用水泡过的鳕鱼放入平底锅（见11页），倒入牛奶直至将鳕鱼全部覆盖，加热直到沸腾。关火，将鳕鱼沥干，切成5厘米小块，将其蘸入刚刚拌好的面糊，然后放到油里炸至金黄色。出锅后淋上柠檬汁。

煮鸡蛋和鳀鱼

这道菜用优质的原料制作而成，味道出奇的棒……

份量：6人份 准备：10分钟 烹饪：7分钟

把凉水倒入平底锅，放入3个生鸡蛋。煮至沸腾，大约7分钟，蛋不要煮得太硬。捞出来放到凉水中冷却，把蛋壳剥掉，切成两半，每半个鸡蛋上用牙签插上1块鳀鱼。撒上切碎的香芹，并浇上橄榄油。

油炸沙丁鱼

在巴卡拉（bacari），酒吧随处可见肉质多的沙丁鱼，油炸之后口感更佳，但是冷却之后再品尝的话，味道也非常好。

份量：6人份　准备：30分钟　烹饪：5分钟

12条小地中海沙丁鱼
50克面粉
1个鸡蛋
50克面包屑
1升油
盐

切掉沙丁鱼的头部，去鳞，掏空内脏，切成2片。把油加热到180℃。把面粉、打好的鸡蛋、面包屑放到不同的盘子里。把沙丁鱼依次蘸上面粉、鸡蛋，最后是面包屑，然后放入油锅中炸至金黄色。捞出来放到吸油纸中把油吸干。食用前撒上盐。

使用烤箱的另一种做法

把沙丁鱼用油纸包住放到烤箱里。撒上面包屑，在提前预热至180℃的烤箱里烤5分钟。

Lele

三明治、帕尼尼和奶油三明治

帕尼尼（panini）是一种小面包，克罗斯蒂尼（crostini）是一种小的片状面包，有的烤过，有的没烤过，每片大约1厘米厚。一般是搭配熟肉、当地的奶酪、烤蔬菜、芝士或者香蒜酱，有时候也用特雷维索酱代替。

把鳕鱼放到克罗斯蒂尼面包、烤玉米或帕尼尼上，搭配**金枪鱼辣根三明治**（见22页），口感绝佳。

不要忘了阿尔克餐厅推荐的克罗斯蒂尼面包，它以独特性和质量上乘的原料而著称。

拉马齐尼（tramezzini）是一种小的三角形三明治或者是2片方形的没有硬壳的面包芯，在面包上涂上一层蛋黄酱或奶油，并搭配各种各样种类丰富的食物。像这样各种食物混合，味道千变万化。

金枪鱼辣根三明治

位于里亚托的奥雷梅丽卡（Al Mercà）餐厅是威尼斯最好的品尝帕尼尼的地方。

份量：6人份　准备：5分钟

把辣根切成1厘米长的小块（或者1咖啡匙奶油辣根）放进容器里，把它和2—3匙蛋黄酱拌到一起。加入200克切碎的沥干油的金枪鱼，混合起来就得到金枪鱼辣根蛋黄酱。把6个帕尼尼分别切成两半，抹上金枪鱼蛋黄酱辣根酱。

其他做法

冬天，用切碎的特雷维索菊苣来装饰帕尼尼。

晚熟特雷维索菊苣三明治

这是威尼斯最典型的食物！除了卡斯特拉（casatella）以外，您还可以品尝斯塔拉什诺（stracchino）或者是克里松扎（crescenza，一种奶酪，口味同样很美，味道和卡斯特拉非常接近）。

份量：6人份　准备：20分钟　烹饪：10分钟

准备200克晚熟特雷维索菊苣，洗净，切成2厘米小块。如果没有特雷维索菊苣，可以用煎菠菜或者煎萝卜茎。放到平底锅里，用橄榄油和1瓣蒜煎，加入5毫升红酒再煮2分钟，加入盐和胡椒。把蒜取出来。烤6片面包片。在三明治上，涂1厘米厚的卡斯特拉奶酪，还可以加上1小勺煎菊苣。撒上胡椒，根据个人口味，还可以加上松露。

AL ME

猪肉三明治

猪肉和烤面包片组合而成的三明治，可以让人们品尝到当地的各种猪肉制品，比如威尼斯特产的火腿、咸肉以及索普雷萨特维基亚纳（sopressa trevigiana）香肠。除此之外，还有圣丹尼尔火腿（San Daniele）和绍里斯火腿（Sauris），这两种都来自与威尼斯毗邻的弗里乌勒群岛。

熏鲑鱼和芦笋三明治

这道菜的灵感来自于威尼斯最好的饭店——阿尔克。鲑鱼是威尼斯消费量很大的一种鱼，同样来自与之毗邻的弗里乌勒群岛地区。

份量：6人份　准备：10分钟

将4条鲑鱼切成3段。将12片1厘米厚的面包片用面包机烘烤，冷却后，抹上黄油，放上熏鲑鱼、绿芦笋尖以及几粒鳟鱼鱼籽。

金枪鱼、鸡蛋和西红柿三明治

份量：4人份　准备：10分钟　烹饪：9分钟

4片面包芯
2个鸡蛋
2小片西红柿
200克金枪鱼
1咖啡匙盐
1咖啡匙香芹碎或者罗勒
1—2汤匙蛋黄酱

把鸡蛋放入装有冷水的平底锅里，用中火煮。沸腾之后煮9分钟。煮熟后，剥壳，切成块。把西红柿切成片。把金枪鱼沥干切碎，和蛋黄酱拌一起。香芹、刺山柑花蕾洗净后切碎。把面包芯抹上金枪鱼糊，配上2片鸡蛋和西红柿。用2片面包芯裹住，用手掌按压面包的两角，确保夹心不掉出来，去掉面包硬壳然后把三明治沿对角线切开，这样就得到2块三角形三明治。

CONSIGLIO
PRODOTTI TIPICI
TONNO BIANCO
THUNNUS ALALUNGA
In olio extravergine di oliva
PESCATO ALL'AMO

朝鲜蓟和白火腿三明治

份量：4人份　准备：10分钟

将4—6颗法国百合过油后沥干，切成细长条。把4片面包芯抹上蛋黄酱或者黄油。其中的2片各放1片白火腿，然后是法国百合。再用2片面包芯裹住，用手掌按压面包的两角，确保夹心不掉出，去掉面包硬壳，然后把三明治沿对角线切开，这样就得到2块三角形三明治。

鸡蛋和鳀鱼三明治

弗兰克波罗（francobollo），字面上是“邮票”的意思，实际上是一种比特拉马齐尼三明治更小的三明治。还可以叫做四四方方的小立方三明治！

份量：8人份的迷你三明治　准备：15分钟
烹饪：7分钟

把3个鸡蛋放到装满冷水的锅里，温火煮，沸腾后煮约7分钟，使蛋黄呈现橘黄的色泽。煮熟后捞出，用凉水冲，冷却后，剥壳，把鸡蛋切成1厘米厚的片。把鳀鱼切成小块。4片面包芯上抹上1勺蛋黄酱或者黄油。把其中的2片放上煮鸡蛋片和鳀鱼。然后把另外的2片面包放到上面。用面包刀把面包硬壳去掉，把三明治切成4块方形面包。

哈利酒吧的火腿三明治

哈利酒吧是威尼斯很有名气的一个酒吧，这个酒吧里的火腿三明治是一种长方形的三明治。这个很新颖的菜谱是阿里戈·斯普莱利给的。

份量：12人份的迷你面包　准备：15分钟　烹饪：15分钟

12片面包芯（1厘米厚）
110克熏火腿，切成薄片
250克爱芒特干酪
1个鸡蛋黄
1咖啡匙辣酱油
¼咖啡匙芥末酱
⅛咖啡匙胡椒
1小撮盐
100毫升液体奶油
橄榄油

将切成块的奶酪、蛋黄、辣酱油、芥末酱和胡椒放到带刀片的自动搅拌器中，搅拌均匀。加入奶油搅拌这样才能涂抹到面包上。尝一下，如果味道不够，可以再加点盐。把所有的面包片都抹上刚才做好的酱。把熏火腿放到面包片上，盖上另一片面包，按压，这样三明治就做好了。用面包刀把硬壳去掉。把面包切成两半。热锅，加入橄榄油。把面包的两面炸至金黄色。趁热上桌。

温馨小窍门

只要我们使用优质的食材，这道三明治就能成为很美味的小吃。首先，要买面包店最新鲜的面包芯，奶酪也要选用上等的爱芒特干酪或者是新鲜的孔特。我们还可以把面包抹上橄榄油之后放到180℃的烤箱里烤一下，味道也会很好。

威尼斯煮章鱼

在小酒馆里，煮章鱼是一道开胃菜，同时配以白葡萄酒。Folpetti是一个意大利语单词，即“小章鱼”。然而，这些软体动物不属于章鱼科，它们是来自亚得里亚海沙质海底的八爪鱼。当把它们切成块状，配上西芹，温热的时候食用口感很好，我非常喜欢。

份量：6人份　准备：20分钟　烹饪：15分钟

12条小章鱼
柠檬汁和½颗柠檬
2片月桂叶
胡椒粒
2汤匙橄榄油
1把香芹碎
盐、胡椒粉

用刀把小章鱼的眼睛、嘴、内部软骨去掉，用水冲洗干净。平底锅里烧水至沸腾，里面放上月桂叶子、½颗柠檬和若干胡椒粒。把清洗好的章鱼放进水里，煮15分钟，然后捞出沥干放到碗里。加入盐、胡椒粉、橄榄油、柠檬汁和香芹末。把章鱼切成两半放到盘子里就可以上桌了。

注意

如果没有小章鱼，就用小鱿鱼放到水里煮或者蒸，根据其大小15分钟左右即可。

其他做法：炸章鱼

如果这道菜使用小章鱼就会非常美味。把小章鱼洗干净，裹上面粉，放入180℃的油锅中炸至金黄色，捞出来用吸油纸吸干油。撒上盐、胡椒粉，放上¼颗柠檬，就可以上桌了。

烤扇贝

烤扇贝（canestrelli）是一道很好吃的贝壳类小吃，味道几乎是甜的，在威尼斯餐桌上很常见。以前，人们在潟湖里捕捞，然后拿到大街上或者酒吧里去卖，或者直接生吃。如果买的是不带壳的扇贝，那必须煮熟才能吃。如果不会处理带壳的扇贝，可以让鱼贩子帮忙打开。

份量：6人份　**准备**：20分钟　**烹饪**：6分钟

24只带壳的扇贝
2汤匙面包屑
1咖啡匙香芹碎
橄榄油
盐、胡椒粉

把烤箱预热到180℃。用刀把扇贝切成两半，把肉和里面的沙子取出来，清洗干净。把扇贝的肉放回到壳里，然后放到烤箱里。撒上混着香芹碎的面包屑，淋上橄榄油，撒上盐、胡椒粉，烤5—6分钟。从烤箱里取出，放上小面包屑，可以蘸上酱汁吃。

注意

面包屑的制作方法是把1块干面包放到搅拌器中搅碎。里面可以放一点干迷迭香或者鼠尾草。

小窍门

如果没有带壳的扇贝，做小干酪蛋糕的模子也可以作为托盘来盛放扇贝肉。

鱿鱼黑玉米饼

这道菜的灵感来自于威尼斯的一个叫邦科吉多的小酒馆。

份量：6人份　准备：40分钟　烹饪：1小时　放置：1小时

6只15厘米长的鱿鱼
1瓣蒜，切成两半

肉馅
6只中等大小的土豆
200毫升牛奶
2片用香料拌好的肥肉（产自科罗纳塔或者阿尔纳德）
2汤匙香芹碎

黑玉米糕
350克粗玉米粉
1.4升水
6小袋4克重的墨鱼
盐、胡椒粉

先制作黑玉米糕。把水烧开，放上盐，把玉米粉慢慢倒入水中，搅拌2—3分钟避免结块。当玉米糊彻底煮熟（1小时左右），把袋中的墨鱼倒入热水中稀释，并搅拌使颜色均匀。把玉米糊倒进抹了一层油的锅里，冷却（这个可以前一天做好）成型后，切成1.5厘米厚、3—4厘米宽的块。

把鱿鱼洗净※，这样容易剁馅。先开始制作肉馅。把土豆煮40分钟，然后剥皮。把牛奶煮开。把土豆压碎，倒入牛奶，搅拌均匀，就得到了土豆泥。倒入少许油，加入切碎的肥肉和香芹碎，根据个人口味加适量的盐。把涂了一层蛋黄的鱿鱼触手放入倒了少量油的平底锅里，撒上盐，剁碎，加入土豆泥。搅拌均匀然后就得到了鱿鱼馅。把少量橄榄油和1瓣大蒜放入平底锅，然后加热。油热之后，把裹上鸡蛋黄的鱿鱼触手放入油锅中炸，快速翻炒，因为时间久了鱿鱼会变硬。然后捞出来冷却，做成1厘米圆形，然后放到方形玉米糕上。

其他做法

如果没有墨鱼，一款玉米糕也是非常经典的。

※具体做法见80页的烤枪乌贼。

Ristorante Pizzeria
Riva Del Vin
Princess

甜椒泡沫荫鱼

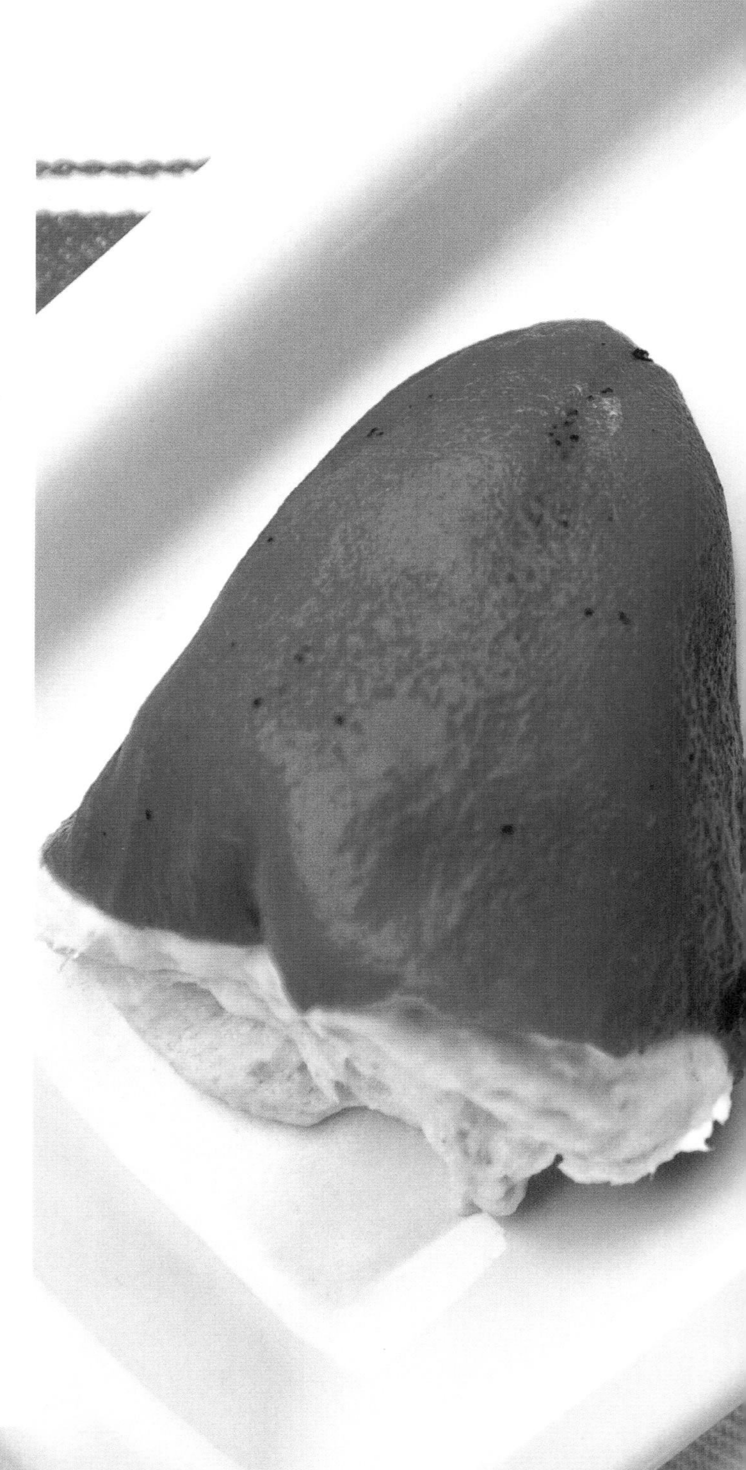

荫鱼生活在威尼斯和地中海潟湖中，是一种非常受欢迎、肉质鲜美的鱼。

份量：6人份　准备：30分钟　烹饪：15分钟

6个小烤甜椒（酿红椒）
1条600克荫鱼（如果没有荫鱼，可以用狼鲈代替）
1咖啡匙香芹碎
½颗柠檬
1片月桂叶
上等的橄榄油（比如加尔达的特级原味橄榄油）
几根香芹梗
盐、胡椒粉

把鱼放到葡萄酒奶油汤汁里煮或者蒸，待汤微微滚开的时候，放进1片月桂叶和几根香芹梗，煮大约15分钟。把鱼肉用手弄碎，去除鱼骨。把鱼肉放进带刀片的自动塑料搅拌机进行搅拌，同时一点一点加入橄榄油。撒上盐、胡椒粉、柠檬片和切碎的香芹。用2个小勺子或者1个封口的袋子把甜椒打成泡沫状。趁热食用。

注意

这道美食的灵感来自于里亚尔托的一个叫邦科吉多酒馆里的招牌菜。

小窍门

如果没有自动搅拌机，可以把鱼肉放到一个特别高的容器里，慢慢加入橄榄油之后，用勺子沿同一方向一直搅拌，直到橄榄油被完全吸收。

ANDE

鼠尾草薄饼

我对鼠尾草薄饼的记忆是和非常少又非常特殊的场合相联系的：自助餐婚礼、周年纪念日……它们非常好吃！当在家里炸东西的时候，也是炸鼠尾草薄饼的好机会！

份量：6人份　准备：15分钟　烹饪：10分钟

打1个鸡蛋，放入100克面粉里搅拌，倒入1杯冷矿泉水稀释，直到形成均匀的浓稠的面糊（就像是摊煎饼时的面糊）。在一个足够大的锅里倒入1升油，并加热到180℃。把36片鼠尾草叶子蘸上刚刚拌好的面糊，每面都要蘸上，然后用纸把水吸干，放到油锅里炸，撒上盐立即食用，或者放入预热到120℃的烤箱里烤。

香肠玉米糕

份量：6人份　准备：35分钟

在1片玉米糕上，放几小块熏猪肉香肠，或者是当地的一种香肠，然后放到烤箱里烤20分钟（见194页）。烤熟后趁热食用。

意大利肉丸

在威尼斯，一定不要错过维多瓦街黄金宫（CA'D'ORO）的炸肉丸，这个店坐落于一条叫诺瓦的小路上。我受到这家店炸肉丸的启发，推荐大家一个用平底锅做肉丸的方法。

份量：6人份　准备：30分钟　烹饪：10分钟　放置：1小时

500克碎牛肉，其中15%肥肉
80克面包芯
100毫升牛奶
2颗小洋葱
2汤匙香芹碎
50克帕尔马奶酪
1个鸡蛋
面粉
10克黄油
橄榄油
盐、胡椒粉

面包芯蘸上牛奶，然后用叉子弄碎。把小洋葱头剥皮，在黄油和橄榄油之间来回蘸，然后冷却。把碎牛肉、面包芯、小洋葱头、香芹、帕尔马奶酪、鸡蛋都放入同一个碗里，然后撒上盐、胡椒粉拌匀。用手掌，把刚做好的肉馅揉搓成一个大核桃大小的圆形的丸子，外面裹上一层面粉，然后用保鲜膜包好，放到冰箱里冷藏1小时。把肉丸裹上一层橄榄油，放到油锅里炸10分钟，同时不断地来回翻。出锅后，用牙签插上即可食用。

其他做法

把肉丸依次蘸上面粉、蛋液、面包屑，然后放入预热到180℃的油锅里炸。每面都要炸到，然后用吸油纸把油吸干。稍微冷却之后即可食用。如果不喜欢面包屑，我们也可以用土豆来取代，把1—2个土豆放到锅里煮熟，然后压碎。冷却后和肉拌到一起。我们也可以用煮熟的碎牛肉，一点切碎的意式猪牛肉大香肠和1个鸡蛋混合做肉馅。如果肉馅太湿的话，可以加入一些面粉或者面包屑。

煎蛋饼

在威内托地区，人们把这道煎蛋饼作为开胃菜，煎蛋饼厚厚的，并且被切成块。煎蛋饼是用鸡蛋和任意蔬菜、熟肉或者奶酪搭配做成的。以前，厨师们会用一个很大的铁制厚底并且平底的锅，专门用来煎鸡蛋。几乎很少有人会洗锅，总是用完之后用一块抹布抹一下。

份量：6人份　准备：15分钟　烹饪：10分钟+10分钟

8个鸡蛋
3片牛皮菜叶
200克菠菜
韭葱的绿叶
1颗洋葱
几片罗勒叶
3片鼠尾草叶
橄榄油
盐、胡椒粉

把所有蔬菜洗净，切成薄片。把厚底锅放到火上加热，倒入少许橄榄油，把切好的罗勒叶和鼠尾草都放进去，用中火炒10分钟，并不时翻炒。把1个鸡蛋打到碗里，撒上少许盐和胡椒粒。把这些绿色蔬菜放进去和鸡蛋搅拌。用旺火热锅，把拌好的蔬菜鸡蛋倒入锅中，当鸡蛋的一面开始粘到锅上，用木铲铲起来。等下面完全成型了，就用1个大盘子盖到锅上，迅速翻过来。锅里放入少许橄榄油，再把鸡蛋饼放进去，加热另一面。趁热吃或者晾凉了再吃都可以。

注意

鸡蛋需要用大火煎，这样才能使鸡蛋液充分受热，达到外焦里嫩的效果。

其他做法

- 蔬菜还可以换成洋葱和切成块的熏肉
- 或者是切碎的火腿
- 或者是煮熟的虾
- 或者是用沸水烫过的啤酒花
- 或者是切碎的笋

油炸圆锥卷

在威尼斯，油炸开胃菜大部分是小墨鱼、鱿鱼、虾、小蓝鱼、扇贝和鳌虾等。接下来要介绍的这个圆锥卷简直很奢侈！这种用料丰盛的圆锥卷，我在安缇仕卡拉帕尼餐厅吃过，那里的厨师给了我很好的建议，我很感谢他们。

份量：6人份　准备：30分钟　烹饪：20分钟　放置：15分钟

300克鳌虾虾尾
6只虾
6只鱿鱼
300克油炸小鱼
300克扇贝
面粉
1升煎炸油里面含1%橄榄油
柠檬
盐

去掉鳌虾和虾的壳。清理并掏空枪乌贼的内脏，洗净，然后切成圆圈状。把清理好的鳌虾、虾、鱼和扇贝放到冰水里冰镇。然后蘸上面粉，轻拍去掉多余的面粉。把煎锅加热到180℃。把鱼按个头从大到小依次放进去炸。捞出来用吸油纸吸干。鳌虾、虾、扇贝也按这个方法依次炸。把炸好的都放到有柠檬的圆锥纸卷中，撒上盐，就可以立即食用了。

其他做法

小麦粉可以用玉米面代替。

注意

滚烫的油和冰镇的鱼之间悬殊温差的碰撞，赋予了这些油炸品松软的口感。

Antiche
Carampane

卡纳雷吉欧区

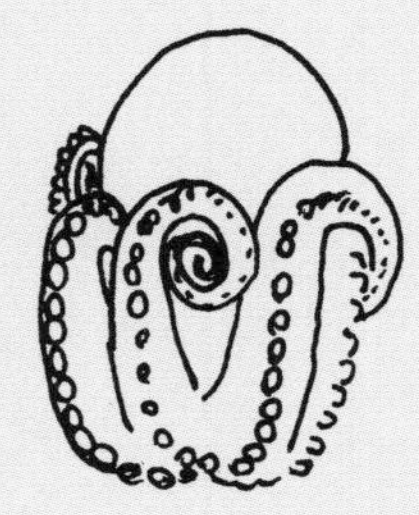

从尖塔桥出发，穿越犹太区

从车站出发，向左拐，走上西班牙利斯塔大街，我们就到了美食之旅的第一站：**达乐玛斯面包店**（Pasticceria dal Mas，1），它的历史可以追溯到1853年！在柜台那里，你可以点一杯意式浓咖啡或者一杯大麦玛奇朵（一种含大麦的咖啡，上面有牛奶泡沫，有大杯也有小杯），然后打包一些威尼斯特产的小点心（福卡恰面包、扎莱缇饼干、蔓越莓玉米粉饼干、布斯来提饼干、多吉糕点、威尼斯蛋糕等）。穿过尖塔桥，往左转，向犹太区的方向走。在**沃尔普面包房**（Panificio Volpi，2）稍微停一下，这个面包房主要做无酵面包和传统的一些犹太饼干（不含盐、酵母、动物脂肪）。在这里，你可以品尝带茴香种子的阿奇末多尔斯饼干和甜甜圈。在被犹太人称为“贫民窟新区”的中央广场上，我们可以参观希伯来博物馆和犹太教堂。如果想喝点鸡尾酒的话，那么就从这里出发，穿过尖塔桥向右拐，到德格丽奥尔梅斯运河堤岸去，在那里，你会看到**阿尔提蒙**（Al Timon，3）红酒吧，威尼斯的夜生活都在这个地区，除了这里还有米泽尔柯迪亚。如果天气好的话，你可以点一些威尼斯小吃坐在室外品尝。如果，你真的决定找一张桌子坐下来的话，你要知道，这里可是威尼斯为数不多的可以提供烤肉的地方哦！

如果想吃一顿简单又经济的午饭，那就在穿过犹太桥以后往右转，去德尔卡布其诺区，这个区远离游客，非常得安静。作为这个地区最受欢迎的餐馆，一定不要错过**阿勒度贡多莱特**（Alle due gondolette，4），这家餐馆最擅长的是家常菜。在那里，你可品尝鳕鱼松或者维琴察鳕鱼。然后朝着刚博德莫离方向，继续向右走（途中还会看见13世纪商人的雕像）。晚饭的话，你可以跟着我去一个非常热情的地方。到德格丽奥尔梅斯区走玛尔维萨大街。经过一座小桥，在右手边，你会看到**阿尼斯斯特拉托**（Anice Stellato，5）餐馆。晴天的时候，人们可以安安静静地在餐馆外面吃。当然，在餐馆里面吃同样也很惬意。主厨弗兰卡和他的团队会提供很周到的服务。这家餐厅的菜单每天都会更新，在这家餐厅里，你一定要尝一下炸鱼和薯条。晚上，可以在德格丽奥尔梅斯区的众多酒吧里，最后再喝上一杯酒。

从尖塔桥到新街

穿过尖塔桥，朝着圣莱昂纳多区的里奥特拉直走。中途会经过圣莱昂纳多的蔬菜和水果集市，你可以买点想要的东西。之后，你可以到威尼斯仅存的几个咖啡烘焙店之一——**哥斯达黎加马奇咖啡店**（Marchi Caffè Costarica Torrefaction，6）去看看。你还可以去新娘咖啡店品尝由上等阿拉比卡咖啡豆制成的咖啡，或者买200克现磨的哥斯达黎加咖啡。沿着新街继续直行。在圣菲利斯街停一下，不管是几点，**康提娜**（La Cantina，原意为酒窖，7）绝对是值得驻足的一个地方，顾名思义，人们在那里可以喝红酒，当然喝啤酒也没问题，因为它也是啤酒屋。你还可以请教弗朗西斯科，他用菜市场上当季的蔬菜做出的煮鱼或者烤鱼都非常美味。

穿过康提娜对面的那条街，一家名叫**维尼达吉吉欧**（Vini Da Gigio，8）的餐厅绝对值得一去。这家餐厅面积虽然不大，但是饭菜质量很高，是我最喜欢的餐厅。这家餐厅的主厨劳拉是她妈妈的继承人，她的哥哥保罗会为你推荐红酒。这家餐厅有一个酒窖，里面有品种繁多的红酒，数量上不亚于其他餐厅。这里的红酒你一定要试一试！至于菜嘛，我会推荐……全部！当然，千万不要错过炸鳕鱼丸、烤鳗鱼还有烤鸭（只有秋天和冬天才有），来这家餐厅一定要提前预约。另外一家餐厅**安缇卡阿德莱德**（Antica Adelaide，9），更简约面积也更大。这家餐厅也很好找，穿过圣菲利斯新桥，左转，过了刚博大街后向左一直沿着普留利卡街往下走就能找到。年轻的老板和主厨会给你推荐当地的特色菜。我特别喜欢这个餐厅的羊肉肉酱拌意大利干面条，因为它让我想起了奶奶的味道！

沿着新街继续走，在一块黄色的写着CA d'Oro宫的牌子正对面，德尔皮斯托小巷子里，有一个历史悠久风景秀丽的茶餐厅，它有两个名字：**阿拉维多瓦和卡德奥尔奥**（Alla Vedova et Ca'd'Oro，10）。在这里，人们会为了一些开胃的小吃讨价还价。这家餐厅有肉丸子、法国百合和泡沫沙丁鱼。你要知道，这些小吃不仅在酒吧里可以吃到，甚至还可以作为正餐出现在晚宴上。下一条街是圣塔索菲亚街，你需要搭一条贡多拉把你带到河对岸，也就是利亚德区。早上这里有早市（价格：游客每人2欧）。一定要注意安全，不要掉进水里！

Contarini
Calle delle Cappuccine
C. Rizzo
Fond.
4
nnaregio
C. d. C
Savorgnan
Riello
Parco Savorgnan
alle
C. Gioacchina
C. d. ericórdia
Rio terrà Lista di
PONTE SCALZI
ccolo
Traghetto S. Lucia
aschi
NTA CROCE
CAMPO
ex Papadópoli

CANNAREGIO
SAN POLO
Fond. dei Riformati
C. d. Riformati
C. del Capitel
C. d. Rotun
C. long Canossia
C. DI S. ALVISE
Fond. della Sensa
C. d. Squero
C. d. Muneghe
Fond. Madonna dell'Orto
C. larga Piave
C. Loredan
C. d. Malvasia
Fond. dei Mori
C. Brazzo
C. DEI MORI
Fond. Gasparo Contarini
Fondamenta degli Ormesini
C. d. Forno
CAMPO GHETTO NUOVO
Calle del Ghetto Vecchio
C. Farnese
C. Selle
Rio terrà Farsetti
Calle dell'Aseo
C. della Masena
Fondamenta della Misericordia
C. Larga
Corte Vecchia
C. d. Zoccolo
Fond. dell'Abbazia
Fond. Moro
C. larga Lezze
Fond. Canal
Fond. Diedo
C. Zancani
Fond. Trapolin
Rio terrà San Leonardo
PONTE D. GUGLIE
C. S. LEONARDO
C. d. Chiesa
Fond. Labia
C. Querini
C. Colonna
R. terrà dietro la Chiesa
R. terrà della Maddalena
C. larga Vendramin
CAMPIELLO DE LA CHIESA
C. STA FOSCA
Via V. Emanuele
Calle San Felice
C. larga Doge Priuli
Calle della Racchetta
C. Corrente
C. delle Vele
Strada Nova
C. d. Forno
C. STA SOFIA
2
3
5
6
7
8
9
10
Rio Terrà Biasio
Calle e Ramo Zen
Fondaco dei Turchi
C. del Megio
C. del Forno
C. SAN STAE
Sal. San Stae
C. del Tentor
Lista dei Bari
C. Gallion
C. larga Bari
Ramo Cazza
Fond. rimpetto Mocenigo
Fond. Ca'Pesaro
C. del Ravano
C. Corner
C. d. Rosa
C. Colombo
Fond. delle Grue
C. SAN GIACOMO DELL'ORIO
CAMPO NAZARIO SAURO
Ruga Bella
C. della Chiesa
C. della Regina
CAMPO S. CASSIANO
Fond. dell'Olio
C. dei Botteri
CAMPO DELLA PESCARIA
CAMPO BECCARIE
C. dei Cristi
R. degli Speziali
C. del Tintor
CAMPO DELLE STROPE
C. delle Oche
Rio Marin o Garzotti
Marin
C. DI S. AGOSTIN
R. terrà Secondo
C. del Cristo
C. dell' Agnello
Rio terrà delle Carampane
C. Raspi
C. Sansoni
C. S. Mattio
R. Due Mori
R. d. vecch. S. Giov.
C. SAN GIACOMETO
Orefici
C. Scaleter
C. Bernardo
C. della Chiesa
C. Pezzana
Calle Zane
CAMPO
C. S. APONAL
Rugheta del Ravano
Ruga
C. d. Madonna
C. dei Cinque
C. del Storione

影子酒

从字面上看，“Andemo bever un ombra!”这句话的意思是“一起去喝一杯影子!”这是流传下来的一句很典型的威尼斯语，其实是说“一起去喝杯酒”，它起源于圣马可钟楼。在14世纪的绘画中，我们能看到很多货摊，其中很多都是酒商的。为了保持酒的凉爽，酒商通常都会把他们的货摊摆在钟楼的影子里，并随着钟楼影子的移动而移动他们的货摊。到后来，影子就可以用来表示酒了！就这样，威尼斯人开始说“去喝影子”这句话，直到今天还在沿用。更精确地说，影子表示1升酒。

贝里尼酒

份量：1人份　准备：15分钟

贝里尼（bellini）是一款世界闻名的鸡尾酒，1930年由威尼斯哈利酒吧里的调酒师——朱塞佩·斯普莱利（Giuseppe Cipriani）发明。但是，直到1948年，它才有了这个名字。贝里尼是一位文艺复兴时期的画家，他的画正好出现在威尼斯画展上，为了纪念这位画家，希普利亚尼把这款鸡尾酒命名为“贝里尼”。希普利亚尼的儿子阿里戈·斯普莱利（Arrigo Cipriani）给了我贝里尼的制作方法。他告诉我们，贝里尼以前只在桃子成熟的季节才有，而现在多亏了冰柜的出现，我们才可以随时享用。把白桃放到瓷器里或者捣菜泥器里，连皮挤压成泥，里面什么都不加，否则的话会进入空气。把它和科内利亚诺的普罗塞克葡萄酒或者意大利苏打白葡萄酒（一种汽酒）按1:3的比例混合起来即可。

鸡尾酒

斯普利茨（spritz）鸡尾酒是威尼斯最常见的开胃酒。在过去的几年里，它受欢迎的程度已经超过了意大利所有的鸡尾酒，甚至跨越了国界！斯普利茨鸡尾酒的颜色有橙色、大红色和金色。它的名字来自一个奥地利人。在18世纪末奥地利人占领时期，这些入侵者有喝酒加水的习惯，德语叫做斯普利茨，是白葡萄酒里加水的意思。到了今天，人们说的纯斯普利茨鸡尾酒都是根据个人口味加过其他酒的，比如加了阿贝罗（spritz aperol）酒和金巴利（spritz campari）酒。饮酒要适度，酗酒有害身体健康！

2杯阿贝罗酒、金巴利酒，或者新品拉马佐蒂开胃酒
3杯白葡萄酒（或者普罗塞克酒）
1杯带汽的水
1片橘子片
1个橄榄
冰块若干

把冰块放到1个大杯子里，里面倒入白葡萄酒和带汽的水（这样可以使鸡尾酒口感更清淡一些）搅拌均匀，用牙签插上橘子片和橄榄，放入杯中就可以喝了。这款鸡尾酒可以搭配一些小吃，慢慢咀嚼回味无穷。

开胃菜

开胃菜

前菜

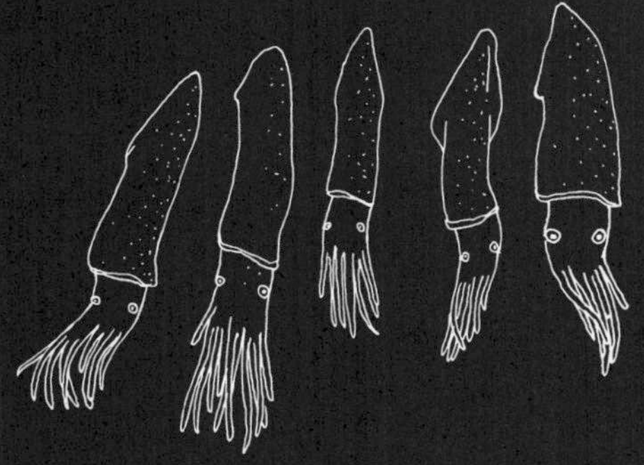

生鱼片

这道菜的灵感来源于我在威尼斯安缇仕卡拉帕尼餐馆品尝过的一道菜，这道菜对鱼的新鲜程度要求极高。如果你在威尼斯，可以去马克波尔卡马斯克的里亚托鱼市购物，那里专营最好的佩斯卡多，即来自环礁湖岛和亚得里亚海的鱼。你不会在那里找到地中海金枪鱼（因为在那里一年中有一段时间是禁止捕鱼的），但是马尔哥会告诉你它们在哪里。否则就得去询问鱼贩了。

份量：6人份　**准备**：30分钟

500克荫鱼（如果没有，可用鲷鱼代替）
500克狼鲈
250克新鲜金枪鱼
6个活海鳌虾（如果到家后还是活的，将它们在冰箱里放10分钟）
½个石榴
初榨橄榄油
柠檬汁（1颗柠檬的量）
6小匙辣根菜酱（在生态超市可以买到）或者4小勺辣根菜丝，与马斯卡彭奶酪搅拌
1小匙香芹碎
盐、胡椒粉

请鱼商提起渔网取鱼。把鱼切成条状。在每个盘子里放几片鱼和1个去壳的鳌虾。取出石榴籽。在鱼中加几滴橄榄油和柠檬汁，撒盐和胡椒粉。在鱼上放几颗石榴，在金枪鱼上洒1勺辣根酱以及一些切碎的香芹。

提示

可以将鱼在冰箱中放十几分钟使它变硬更容易切。

注意

荫鱼是一种白色的非常美味的鱼。

备注

辣根菜与日本的山葵是同一科植物，它是一种辣根，有帮助消化的功能。意大利语中为拉法诺（rafano）。在威内托地区，它被称为科朗（cren）。自从19世纪出现奥地利人之后，它就经常被奥地利人所使用，尤其是和白火腿一起炖火锅（见180页）。我们使用切成丝的冬萝卜根（新鲜或罐装）或酱冬萝卜根。这些都可以在绿色食品超市和食品店里买到，在英国人家中也能找到一种类似的酱，叫辣根酱。

威尼斯开胃菜

这道菜的灵感来源于一道在安缇仕卡拉帕尼餐馆品尝过的很美味地道的开胃菜，你们可以根据市场和季节随意选择（在这章中所列的）开胃菜。

份量：6人份　准备：45分钟　烹饪：30分钟

20多只虾蛄
600克章鱼
300克奶油鳕鱼干（见12页）
300克活虾
300克鲮鳈鱼
6大汤匙熟玉米糕（见194页），或6片烤面包片
3匙番茄酱
3颗柠檬
橄榄油
1瓣蒜
1把香芹
盐、胡椒粉

所有材料都需要分开烹制，其中一些需要蒸，另一些需要用平底锅煎。清洗虾蛄，用沸水煮3—5分钟（根据虾的大小选择）再加入葡萄酒奶油汤汁、盐、胡椒粉和½颗柠檬。之后，把虾蛄上的水沥干使其冷却。去壳的同时沿着虾的身体用剪刀把虾脚全部剪掉。取出虾肉，然后加入一些橄榄油、少量盐、胡椒粉、柠檬汁以及香芹碎。去除章鱼的嘴部和眼睛，然后仔细清洗。用蒸汽蒸煮15分钟或者根据章鱼大小决定蒸煮时间（变软就是煮熟了）。用水沥干，加入橄榄油、柠檬汁、一点切碎的香芹和切碎除芽的蒜瓣。然后再去虾壳（一些小虾可以不用去壳），将它们在平底锅中用橄榄油煎2分钟，加盐，之后把他们放在玉米糕上。在平底锅中加入少量橄榄油，煎鲮鳈鱼3—4分钟，加入番茄酱，出锅时洒入香芹碎，加盐和胡椒粉后将其同样放在玉米糕上。在剩下的半把香芹叶中加入几滴橄榄油再加入柠檬汁、1小片柠檬皮、盐以及胡椒粉进行搅拌。把不同的鱼放入大盘子中。蘸着绿色的酱汁吃。

提示

买鱼的时候问问章鱼是否被冻过。如果章鱼被冻过再用蒸汽解冻，它就不会变软了。

注意

虾蛄，威尼斯语称为“canoce”，法语也称其为“squille”。

斯普莱利餐厅的白汁红肉

在20世纪50年代，威尼斯传说中的哈利酒吧的老板朱塞佩·斯普莱利向一位不再吃熟肉的顾客推荐了生牛肉薄片。他给这道菜起名为carpaccio，以此来致敬威尼斯同名画家。在那个时代，人们给他的作品做了一场回顾展。其中一些红色颜料的作品能使人想起生牛肉。这道菜的菜谱是心地善良的朱塞佩先生的儿子阿里戈·斯普莱利所提供的。

份量：6人份　**准备**：30分钟

1.3千克牛腩肉
精制盐

酱料

蛋黄酱，自制或者从生鲜超市购入（自制材料：2个鸡蛋黄、1咖啡匙芥末、少量柠檬汁、盐、胡椒粉再加上15毫升精选橄榄油或者葡萄籽油）。
1匙鲜柠檬汁
1—2匙辣酱油
2—3匙牛奶汤
盐、刚磨好的白胡椒粉

先准备蛋黄酱。在柠檬汁中加入盐和胡椒粉，使它们溶解，混合蛋黄，再加入芥末用搅拌器快速搅拌同时倒入橄榄油。加入柠檬汁、辣酱油和牛奶，蛋黄酱就做好了。

检查调料是否备齐。

清洗肉，去掉肥肉，直到其变成圆柱型，然后将它放置于冰箱中冷却。用磨尖的刀将肉切成薄片后放在6个盘子上，撒盐，用保鲜膜盖住放置于冰箱中（最多2小时）。食用的时候，把酱料以线条状的形式撒到牛肉上，就像画抽象画一样。阿里戈·斯普莱利里对我们说，“要用康定斯基式画法”。（瓦西里·康定斯基，俄国画家，是世界公认的现代抽象绘画的创始人。）

其他做法

我很愿意在这道菜中加入一些蔬菜，几块晚熟特雷维索菊苣（在嘴里咀嚼）或者芝麻菜和柠檬皮。

提示

阿里戈·斯普莱利建议使用牛腩肉，这是牛身上比较好吃的部分。最好提前把肉在冰箱里放15分钟使牛肉更容易切（但是要注意不要冷冻）。叫肉店老板把肉切成片状，我建议将放肉的盘子也一起带走。否则就要把四五片肉放在2页硫酸纸中间然后用杵或者平底锅来敲打来做成薄肉片。

威尼斯蜘蛛蟹

蜘蛛蟹是不能错过的一道威尼斯美食。这是一道奢华的美食，务必要尝一尝。我们建议只用少量味道清淡的橄榄油、柠檬和香芹来烹饪，香芹能使它的肉质更加细腻和美味。这种肥美的甲壳纲动物出现在地中海和亚得里亚海。250—300克的小蜘蛛蟹是最好的。这种蜘蛛蟹比大螃蟹的肉更加细腻，也更加适合作为一道前菜。菜谱很简单，只需要耐心等待。

份量：6人份　准备：1.5小时　蒸煮：20分钟

6只活的蜘蛛蟹
½颗柠檬
柠檬汁（2—3颗柠檬的量）
几把香芹碎
利古里亚地区或者加尔达湖的甜橄榄油
胡椒粒
盐、胡椒粉

在平底锅中烧水直至煮沸，再加入½颗柠檬、几颗胡椒粒和盐。将活蜘蛛蟹放在锅里，烧20分钟直至煮沸，然后再使它在水中慢慢冷却。把蜘蛛蟹沥水。卸掉蟹腿之后用核桃夹将它打碎。用钩子将蟹肉取出放置一边。打开蟹壳取出腹部的部分，去掉鳃，取出蟹籽放入另外一个碗中。将蟹肉块小心拿出来切成小块，把硬的部分分离出去，除掉软骨部分。将所有蟹肉放置一起（用针取出不好拿的蟹肉），把蟹肉以及蟹脚的肉都放在同一个碗中。把蟹籽和蜘蛛蟹里奶油状的和棕色的部分放在另一个碗中，撒盐和胡椒粉然后搅拌。在蟹肉里加入一些橄榄油、盐、胡椒粉、少量柠檬汁和香芹碎，轻轻搅拌之后把他们放入清洗干净的空蟹壳中。享用时可以搭配蟹籽。在常温下食用。

白葡萄酒烤扇贝

这是威尼斯的特色美食之一。品尝扇贝最好的时间是从每年9月到次年5月。这些在威尼斯捕捞的扇贝非常美味！

份量：6人份　**准备**：20分钟　**烹饪**：10分钟

12只扇贝
2汤匙香芹碎
3汤匙橄榄油
3汤匙面包屑
少量蒜
½杯白葡萄酒
盐、胡椒粉

请鱼商准备扇贝。将扇贝的肉取出掏空扇贝然后清洗贝壳。烹饪之前先清洗扇贝里的肉，去除肉里的筋和黑色部分。用厨房纸吸去残留的水。预热烤箱到200℃。准备调味汁，加入香芹碎、橄榄油、盐、胡椒粉和少量蒜。把这些调味汁涂在取出的肉以及扇贝籽上。把这些肉放在扇贝壳上，倒一点白葡萄酒。撒一点面包屑，放进烤箱内烤10分钟，然后就可以食用了。

维尼达吉吉欧餐厅主厨劳拉的建议

提前制作的面包屑会更加美味。可以加一点压过的大蒜和几片干叶（如迷迭香、鼠尾草、百里香）。

威尼斯竹蛏

竹蛏，威尼斯语为capelonghe，意大利语为cannolicchi，是一种威尼斯环礁湖特有的贝类。我很喜欢它的甜味。在做之前，需要认真准备，由于竹蛏中有很多沙，因此需要将其放入盐水中浸泡至少2个小时。出于同样的原因，我也不建议您品尝外壳里肉边缘的黑色部分，那里也有很多沙粒。在竹蛏的烹饪过程中需要集中注意力。达到一定温度竹蛏裂开时，就代表熟了。煮过头就会变得太老。

份量：6人份　浸泡：2小时
准备：15分钟　烹饪：10分钟

1.5千克竹蛏
2—3汤匙甜橄榄油（利古里亚地区或者加尔达湖）
2汤匙香芹碎
2把粗盐
盐、胡椒粉

仔细清洗竹蛏，将其放入装满冷水的大盆中加入粗盐，浸泡2小时，清洗竹蛏中的沙粒。加热烤盘，当它热到一定程度时放入竹蛏。不断加热直到竹蛏裂开，将竹蛏从烤盘中取出，用滤器将剩余汤汁中的沙子过滤掉。在过滤后的汤汁中加入橄榄油、胡椒碾磨机转2下碾出的胡椒，1汤匙香芹碎。最后再看看是否要加盐。撒上香芹碎和调料趁热品尝。

使用烤箱的另一种做法

在温度很高（预热到220℃）的烤箱中干烤竹蛏，直到竹蛏裂开再撒上调料也同样是一种做法。

威尼斯虾蛄

虾蛄，威尼斯语为canoce，意大利语为cannocchia，这是在威尼斯最受欢迎的亚得里亚海的甲壳动物之一。环礁湖的捕鱼人有句名言："在圣卡特琳娜，一只虾蛄值一只母鸡！"虾蛄确实很值钱，因为在圣卡特琳娜11月底是吃虾蛄最好的季节。虾蛄肉多肥美，肉质厚实，虾籽丰富。为了品尝出细腻精致的口感，我们只简单地加一些淡橄榄油，少量柠檬汁以及撒一些香芹碎。这个菜谱很简单，但是需要耐心和好用的剪刀。注意，虾蛄尾会刺人！

份量：6人份　准备：20分钟　烹制：15分钟

1500克虾蛄
3匙甜橄榄油（利古里亚地区或者加尔达湖）
几把香芹
½颗柠檬
胡椒粒
盐、胡椒粉

仔细清洗虾蛄。将沸水倒入有胡椒粒和½颗柠檬的大平底锅。加入少量盐，把虾蛄也倒进去。烧煮5分钟，把水沥干。去掉虾蛄壳同时用剪刀去头去尾。在虾肉中加入橄榄油、香芹碎和少量胡椒粉，然后就可以食用了。

其他做法

将虾蛄在蒸锅中蒸10分钟。

极品煎虾

卡拉斯对虾是威尼斯环礁湖的特色大虾。威尼斯的卡拉斯对虾非常美味。当我在威尼斯时，我经常煎着吃或者只是煮一煮，然后加些橄榄油、柠檬汁和香芹碎，拌上金玉兰花和石榴做成沙拉。

份量：6人份　**准备**：40分钟　**烹饪**：10分钟

24只极品大虾
6颗胡椒加盐拌朝鲜蓟
3汤匙橄榄油
1汤匙香芹碎
50克芝麻菜
盐、胡椒粉

去虾皮，保留虾头，切开背部，去虾线。清洗朝鲜蓟，去除外面的一层叶子，切成薄片，在锅中加油烧热，清炒5分钟，使它们熟而不烂。取出切成薄片的朝鲜蓟，加入一点橄榄油，把虾放入锅里，炒1分钟，撒入香芹碎，加入少量盐和胡椒粉。拌着芝麻菜一起吃。

其他做法

虾炒完时，加入香脂醋再加入朝鲜蓟和香芹。

油炸蟹

在威尼斯，我们会吃2种蟹：莫埃切（mo'eche）和马萨耐特（masanete）。它们都是活着卖的。在市场上很容易找到螃蟹，因为卖螃蟹的总是在市场上四处走动。莫埃切蟹是雄性的，在环礁湖中捕捉。在蜕壳期（秋天和春天），它们会蜕壳变软。它们可以炸着吃，放入面粉或碎肉中，正如下面菜谱中写的一样，我们会把螃蟹整个吞下去！记住只有10%—20%的螃蟹长大会变成莫埃切，这也足以说明这道菜的昂贵。

份量：6人份　准备：15分钟　烹饪：15分钟　放置：2小时

800克莫埃切（小螃蟹）
4个鸡蛋
50克帕尔马奶酪丝
面粉
1升油炸用油
盐

多次用自来水冲洗小螃蟹。把鸡蛋打到生菜盆中，加入帕尔马奶酪丝和一小撮盐，将螃蟹放到盆中浸泡，加盖（否则螃蟹会跑出去）放置2小时，时不时搅拌一下。螃蟹会被灌鸡蛋直到“溺水”。在大平底锅中将油烧到180℃，沥干螃蟹放入面粉中再放入油中炸至螃蟹变成金黄色，就可以品尝了。有人建议将蟹脚的末端去掉（因为不易消化），但是没有人会那样做。

其他做法

威尼斯人把雌螃蟹称为马萨耐特。秋天是品尝雌螃蟹的理想季节，因为这是蜕壳期，它的籽很多。不像莫埃切一样需要油炸，只需要煮7分钟然后在水中冷却即可。需要去掉蟹脚和腹部的薄壁。可以加点橄榄油和香芹，拌着玉米粥吃。

迷迭香蟹腿

这是一个蟹腿的菜谱，很简单也很美味。我们会在秋天或冬天的菜场看到蟹腿。尽管春天是最好的品尝蟹腿肉的季节。

份量：6人份　准备：15分钟　烹饪：15分钟

12只蟹腿
4枝迷迭香
1片月桂叶
几片柠檬皮
2瓣蒜，去芽切成两半
4汤匙橄榄油
2把粗盐
盐、胡椒粉

用自来水冲洗蟹脚。在平底锅里加水并加入迷迭香、月桂叶、柠檬皮和粗盐，烧水直至沸腾。把蟹腿放进去煮7分钟。用核桃夹把蟹腿夹碎。在另外一个平底锅中，放入橄榄油和蒜，以及剩下的迷迭香。加入蟹腿搅拌3分钟使调料充分浸入到蟹腿中。把蒜取出。用小叉子取出肉趁热品尝。

其他做法

把奶油状的部分和柠檬汁、橄榄油、香芹、盐以及磨碎的胡椒粉搅拌。把蟹腿肉放入洗干净的蟹壳中，搭配调味汁和吐司面包吃。

威内托的格朗索泊罗（gransoporro）地区，做螃蟹用的调料是橄榄油和柠檬汁，而且是把整只螃蟹放到葡萄酒奶油汤汁中煮，做法有点像蜘蛛蟹（见62页）。

煮熟之后，腹部朝上，把蟹钳子和腿取下，然后按压眼睛那一侧，像打开盒子一样打开它。把蟹壳劈成两半，用勺子把白色的蟹肉取出来。把蟹钳子和蟹腿夹碎，小心翼翼地把其中的蟹肉取出。

嫩煎贝壳

我们享用这道贝壳菜，要用当季最新鲜的贝壳并且当天烹饪，使它们尽可能地保持新鲜。

份量：6人份　浸泡：2小时　准备：20分钟　烹饪：15分钟

500克贻贝
500克扇贝
500克蛤子或帘蛤
3汤匙橄榄油
1瓣蒜，去芽切成两半
1咖啡匙香芹碎
100毫升白葡萄酒
几片面包
粗盐

仔细清洗贝壳，将贝壳放在粗盐水中浸泡至少2小时以去除它们内部的沙粒。在平底锅中倒入油加热，加入蒜和香芹。几分钟过后，加入白葡萄酒，等待沸腾之后，将贝壳分别倒入，用锅盖盖住。贝壳一开就拿出来放入生菜盆中。把打碎的或者壳未开的贝壳清除出去。过滤煮出的汤汁。这道贝壳菜同汤汁一起品尝，面包片还可以蘸着汤汁食用。

其他做法

特斯提耶尔餐厅推出过一道既传统又有新意的菜品，他们在这道菜中加入了生姜丝，使得这道菜充满了异域风情。这家餐厅在自己的菜品中使用了甜酱，以致它一度在威尼斯很风靡，最火的时候，甚至垄断了整个沿海的生意。

酸甜沙丁鱼

酸甜沙丁鱼是一种在腌泡汁里泡过的鱼，它的主要配料是洋葱，可以追溯到14世纪。根据传统，威尼斯人现在依然会在威尼斯的耶稣日（7月的第3个星期六），准备好这种酸甜沙丁鱼在船边吃，不过我们可以在所有酒吧和餐馆的前菜中找到它们。

份量：6人份　准备：45分钟　烹饪：20分钟　放置：至少24小时

1千克新鲜沙丁鱼
500克白洋葱
1小杯橄榄油
400毫升白葡萄酒
一点面粉
1升油炸用油
几颗葡萄干（可选）
几颗松子（可选）

去掉洋葱的外皮，清洗之后将其切成薄片。在大的不粘锅中加热橄榄油。加入洋葱用文火炒熟，使之变成金黄色。倒入醋，再烧5分钟，然后关掉火。清洗沙丁鱼，去掉头和内脏。用厨房用纸吸掉鱼身上的水，然后在鱼上撒上面粉。在深平底锅里加热油炸用油在锅里炸沙丁鱼。当鱼变成金黄色时，用漏勺将其舀出用厨房纸沥干。在生菜盆中放1层沙丁鱼1层洋葱直到全部摆完。倒一点加热过的醋（需要没过沙丁鱼）。用保鲜膜盖住，食用前将其放置在可通风处至少24小时。

其他做法

用其他鱼如鳎鱼来代替沙丁鱼。

注意

冬天为了增加淹泡汁的热量可以加一些柯林斯葡萄（提前在水中浸泡一下）、松子和几片桂皮撒在沙丁鱼上，之后再把烧过的醋倒进去。

烤枪乌贼

这种软体动物在亚得里亚海很常见。它们大小不一，全年都可以捕获。5厘米的枪乌贼被叫作卡拉梅尔托（calamaretto），它很柔软，可以不用清洗，油炸或者炖着整只吃掉。超过20厘米的乌贼，肉质就会比较老。

份量：6人份　准备：30分钟　烹饪：10分钟

30只小枪乌贼（约10厘米）
一点橄榄油
1咖啡匙香芹碎
盐、胡椒粉

仔细清洗乌贼。用手将它们的内脏清理干净，去除骨头和触须中间的嘴，剔掉皮。用水仔细清洗。加热烤盘（或者一般的平底锅），将整只枪乌贼和触须都放进去烤至金黄（每面烤3分钟）。加盐和胡椒粉，食用时加一点橄榄油和香芹碎。

其他做法

炸乌贼的方法：将乌贼切成圆圈状，放入面粉中，再放入180℃的油锅中直到乌贼变为金黄色。用厨房纸沥干加盐，趁热品尝。

腌鳀鱼

这道开胃菜是一道很经典的威尼斯美食，我曾经在安缇仕卡拉帕尼餐馆品尝过。最重要的是鳀鱼的新鲜程度、葡萄酒和醋的质量以及搭配面包的味道。

份量：6人份　准备：30分钟　腌泡：1小时　放置：30分钟

500克新鲜鳀鱼
1杯白葡萄酒醋
2汤匙香芹碎
1颗白洋葱
1把刺山柑花蕾
1把石榴子
2—3汤匙橄榄油
盐、胡椒粉

仔细清理鳀鱼内脏，切断头后面的鱼骨，掰开鱼头并从缝隙中取出内脏。切开鱼肚，清理掉剩余内脏，切掉尾巴。冲洗然后沥干。剥洋葱皮，然后切成薄片。将鳀鱼放在空盘中，加盐和胡椒粉，倒入白葡萄酒醋。用保鲜膜盖上，在通风处腌1小时。之后沥干，放入盘中，倒入橄榄油，撒入香芹碎、洋葱薄片和刺山柑花蕾。用石榴子点缀。食用前先放置30分钟。

其他做法

醋可以用同等量的柠檬汁代替。

烤虾玉米糕

斯琪（schie）是一种活的褐虾，如果我们有耐心去壳，它会更加美味。也可以用平底锅加油煎一下后将整只吃掉。

份量：6人份　准备：30分钟　烹饪：10分钟—1小时

1千克活的小褐虾
1汤匙橄榄油
1汤匙香芹碎
盐、胡椒粉

玉米糕

250克粗玉米粉
1升水
10克粗盐

准备玉米糕。烧水至沸腾，加盐，洒入粗玉米粉，用搅拌棒搅拌2—3分钟避免结块（按外包装说明）。要制成玉米糕，玉米糊不能太稠，所以需要一直加沸水。煮大约1小时即可。如果粗玉米粉提前已经煮熟，那么只需要煮5分钟即可。

蒸虾直到虾变红，去皮（或者带壳吃），加入一些橄榄油和一点香芹碎，加盐和胡椒粉。在盘中放入1匙软玉米糕和几个虾。趁热品尝。

其他做法

虾可以带皮炸，再用厨房用纸将油吸掉，撒些盐即可食用。

注意

如果有时间，只要延长煮玉米糕的时间（见194页），就可以做成威尼斯特有的白玉米饼。

圣保罗区的塞斯特雷小镇

里亚托市场是无论如何都不能错过的。早上7点之前那里就好像在举办货船展览一样。里亚托市场除周日和周一之外，每天都会从早上7点一直开到中午13点。这是一个很有特色的地方，它面朝大运河，两边有古老的菜市场。一边留给鱼商，露天的另一边留给菜贩和果农。要买鱼的话去**马克波尔卡马斯克**（Marco Bergamasco，1），它在市场的主路上，威尼斯最好的餐厅都是它供货的。这家鱼商是亚得里亚海的专家，最先到的人才能买到最新鲜的鱼！它对面是**普洛顿鱼店**（Pronto Pesce，2），这是一家熟食店，你可以在店里吃或者打包带走，店里有传统的菜，也有厨师自创的菜。星期六早上，我们可以品尝到生鱼以及牡蛎。在右边贝卡利艾那一片角落处，卢卡德勒斯班尔的旁边，是**费马酒吧**（Fiamma，3），可以去那里休息一会来份咖啡、米粒面或者帕尼拉酒。在这个小酒吧中，我们能听到市场的商贩用威尼斯方言交谈。即使你不提问只听他们交谈，你也能了解一切！

离开鱼市，从贝卡利艾广场出发，沿着小路走。左拐走到多莫利街，你立即会在左边看到**多莫利餐馆**（I Do Mori，4）。它的柜台前总是摆满了意大利小吃，多莫利会从清晨一直开到晚上。在右边，是我最喜欢的餐厅**阿尔克**（All'Arco，5），它从早上8点开到下午15点。在这里可以品尝到威尼斯式早餐以及环礁湖的特产。我喜欢它家一般的气氛。在玛丽女士那里可以品尝到与众不同的鳕鱼和沙丁鱼。玛丽是皮托的母亲，这家店的老板，她总是微笑着喝着汽酒。玛丽女士把传统菜谱的秘密都教给了她的孙子马特奥。除了这份菜谱，马特奥每天还会发明新的小吃（以猪肉、奶酪和环礁湖的蔬菜为主要材料）。室外的餐桌很少，往往很快就会被抢占一空，不过站着品尝这些小吃也是很美味的。距离斯巴德街不远的地方，有一家餐馆叫**多斯巴德**（Cantina Do Spade，6），里面的凳子非常舒适，但很少有人会提起它！多斯巴德酒馆同样拥有威尼斯小吃的柜台，如果要推荐一道小吃的话，不要忘记中午13点的海鲜饭。如果你想找一家美丽的小饭馆，品尝传统的精致美食，可以去**安缇仕卡拉帕尼餐馆**（Antiche Carampane，7）预订位置。它位于一个比较隐蔽的地方，远离人群。沿着得柏德利街走然后左转到卡拉帕尼街就能看到。你一定会被这个迷人的地方所吸引，几个桌子摆在安静的室外，服务也非常贴心。佩萨罗宫在距离里亚托不远的地方，这是一座非常壮观的宫殿，它面朝大运河，是一座现代艺术博物馆，其中展览了一系列重要的东方艺术品以及著名的莎拉美。坐在一个能够看到大运河的咖啡厅里，不远处就可以欣赏到圣贾科莫德奥里奥教堂。

关于购物

逛完鱼市和菜市场后，朝着贝拉维也纳广场方向走，在那里你会发现**巴尔米吉雅诺**（Casa del Parmigiano，8）杂货店，在这个店里你可以买到当地的所有特产：奶酪、猪肉食品和各种优质食品（见购物一章）。在店里，你还可以品尝当地产的正宗新鲜奶酪，如奶油非常多的里考塔奶酪和新鲜的马斯卡邦尼奶酪，后者除了夏天以外的其他季节都是散装零售的；而不必去吃那些辗转于各地售卖的外地奶酪，比如卡斯特拉（一种柔软奶油状类似利古里亚经典起司）奶酪。所有的美食商店都在这个区域！还是在贝拉维也纳广场上，就在这家店的旁边，有一家叫做**奥雷梅丽卡**（Al Marca'，9）的小酒吧。这家酒吧有种类繁多的帕尼尼和品质优良的当地特产红酒，是品尝美食的理想之地。在这里你可能找不到座位，但是在室外开放的空间，你就可以自由地交谈了，这在威尼斯是多么难得。一只手拿着酒杯，一只手拿着帕尼尼，这就是威尼斯人聚会的方式。沿着斯佩日阿里大街继续你的购物之旅，在一个叫**马斯卡利**（Mascari，10）的店里，你可以买到香料，水果干，调料和饼干。在不远处，还会看到熟食店**拉古那卡里尼**（Laguna Carni，11），这里的猪肉肠、猪脸、羊肉，都是传统菜肴的原材料。

去喝杯咖啡休息一下吧。沿着老圣乔万尼大街走，拐到五大街，去**总督咖啡店**（Café del Doge，营业时间7:00—19:00，12）喝一杯，这里提供优质的咖啡，可以尝一下红色或者白色的咖啡，除此之外，这里还提供大量新鲜的果汁。总督咖啡馆旁边有一家70年代装修风格的熟食店——**阿拉尼**（Aliani，13），在这里，你可以品尝到酸甜沙丁鱼和各种各样不同做法的鳕鱼。沿着老圣乔万尼街一直走，走到**梅洛尼坎皮耶洛面包店**（Rizzardini，14）就可以停下来了。无论谁都会被这家老糕点店的魅力所吸引，在这里我们可以品尝到手工制作的美食，比如咖啡和有色大麦，热巧克力可以搭配威尼斯饼干或者意面吃。

午餐时间到了。在贝拉维也纳广场和圣贾科莫广场之间的里亚托桥下面，可看到邦科吉多的前厅。在艾尔巴利亚众多古老的商店中，你可以找到像**邦科吉多**（l'Osteria Bancogiro，15）这样的饭店，它有一个面向大运河的大露台。这里所有吃的东西都很美味而且很有创意，比如茄子+猪肉+章鱼组合的三明治，还有酱汁意面搭配刺菜蓟。在室内也同样有座位。

Nova
C. STA SOFIA
C. Corner
C. d. Rosa
Fond. dell'Olio
CAMPO DELLA PESCARIA
CAMPO S. CASSIANO
C. dei Cristi
dei Botteri
CAMPO BECCARIE
R. degli Speziali
C. SAN GIACOMETO
C. Raspi
C. Sansoni
C. S. Mattío
R. Due Mori
vecch. S. Giov.
R. d. Orefici
C. d. Madonna
C. dei Cinque
C. del Storione
Ruga
Rugheta del Ravano
C. S. APONAL
CAMPIELLO DEI MELONI
C. S. SILVESTRO
Fond. del Vin
C. Bembo
1
2
3
4
5
6
8
9
10
11
12
13
14
15

主食

主食

面条、饺子、丸子、烩饭和浓汤

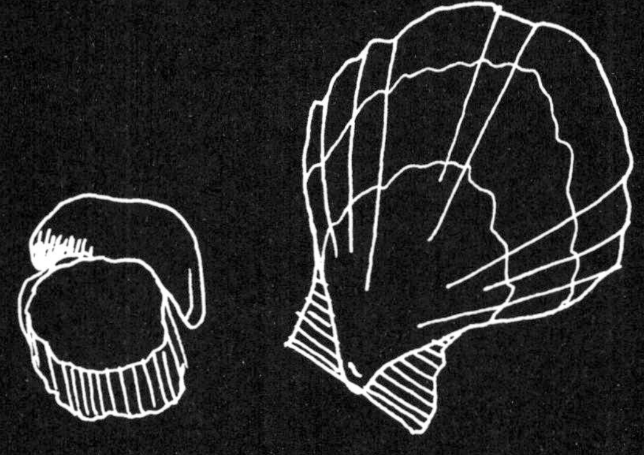

自制新鲜面团

份量：6人份　**准备**：40分钟　**放置**：30分钟—2小时

600克T55或者T65面粉
6个常温下中等大小的鸡蛋

意大利面
T150粗粮面粉（或一半粗粮面粉一半荞麦面粉）

将面粉放在擀面板上，在面粉中间挖个洞，把鸡蛋打入其中。先用叉子再用手指搅拌，然后用手掌和面5—10分钟。如果面团太粘就加一点面粉。面团表面变得光滑时，把面团揉成球形，表面覆以薄膜，在常温下静置30分钟—2小时，否则面团容易塌。

如何擀面（擀成60克的面剂子）

手工擀面：在擀面板上撒上面粉，用擀面杖把面团从中间擀开。这个过程应该足够快，否则面团就会变干。厚度不需要太均匀，这样有利于更好地锁住调味汁。

机器擀面：用手掌压扁面团。在上面均匀地撒上面粉。滚轮开合到最大，把面团放入机器。把面团折叠3层再放入机器。重复动作直到得到规则的长方形。逐渐旋紧滚轮，折叠面团放入机器，反复几次。

小窍门

把面团切成小剂子。暂时不用的小剂子用塑料袋盖住，以防变干。

在擀面板上撒上面粉，然后把剩下的面粉收起来。

如果想使面团更硬一点，里面可以放入⅓的玉米面。

如何切面

机器切面：把小面团放在笼布上静置10分钟，使其变干，笼布上撒面粉，使面团不粘连。威尼斯的人们在工厂里使用一种特殊的压榨机制作比格利（bigoli，一种宽扁形的长条意面）。用轧制机制作思佩戈提（spaghetti，意式细面条）。

手工切面：用锋利的刀把揉成卷状的面团切成面条。0.5厘米左右宽的面条叫做汤格里尼（tagliolini，意式细宽面），1厘米宽的叫做塔利亚塔尔（tagliatelle，意式细宽面），1.5厘米宽的叫做帕帕尔戴勒（pappardelle，意式宽面）。

把面团展开，做成鸟巢状放在笼布上。置于避光潮湿处2天后就可以做面了。做拉扎涅（lasagne，意式千层面），要把面团切成12厘米×40厘米的长条，然后根据餐盘的形状再切。

如何煮面

把平底锅里的水煮沸。放一点盐，然后倒入面条煮沸。新鲜面条需要煮2—3分钟，鸡蛋面煮3—4分钟，干面煮十几分钟。面条应该是吃起来有嚼劲的。尝尝是否有嚼劲之后捞出沥干水分！

MARINO
DELLA LANGA
FARINA DI MAIS
PIETRA
S.N.C.

鳀鱼酱面

这是一道传统的犹太食物，但已经变成威尼斯的一道独特美食。我喜欢这道食物的简单和丰富。用橄榄油将鳀鱼和洋葱煎到像奶油一样，然后和面搅拌调味。

份量：6人份　准备：30分钟　烹饪：40分钟

600克比格利※
800克洋葱
80克鳀鱼（最好拿盐水腌过）
1瓣蒜
120毫升橄榄油
1汤匙香芹碎
盐、胡椒粉

把鳀鱼放在水里快速脱盐，洗干净，去掉鱼骨鱼刺并把鱼切成块。把橄榄油放入平底锅烧热，把鱼放入油煎，然后加入除芽并切成两半的蒜瓣和切成薄片的洋葱。煎至金黄，然后加入几勺水，盖上锅盖，小火焖煮直到洋葱变软（大约40分钟）。取出蒜瓣。大平底锅里放入水加盐煮沸，放入面条煮至劲道。捞出沥干水分拌入酱汁。撒上切碎的香芹便可上桌。

其他做法

酱汁的制作中，可以用白葡萄酒或者葡萄酒醋代替水，也可以加入刺山柑花蕾调味的细盐，或者加入桂皮等香料。我在里亚托地区的邦科吉多吃过这道菜的新做法：比格利面条是用荞麦面制作的。鳀鱼洋葱酱中可以加入刺菜蓟酱，洋葱只用400克。刺菜蓟剥皮切成8厘米的块，在沸水中煮30分钟，水中加盐加1汤匙面粉和1汤匙柠檬汁以防刺菜蓟变黑。搅拌⅔的刺菜蓟，然后加入到鳀鱼洋葱酱中。在橄榄油中煎炸剩余⅓的刺菜蓟然后也加入酱汁中。

※威尼斯的特色面食比格利细面条刚开始时是意大利思佩戈提面条的放大版，由细玉米面、水和盐揉制成。如今，它已经有了很多改良的版本，比如可以在粗玉米面的基础上，加入混有白面的荞麦粉和鸡蛋。

蛤蜊面

蛤蜊遍布整个亚得里亚海域，一年四季产量都很丰富。这种软体动物在威尼斯叫作卡帕洛索里（caparossoli）。这种海鲜是非常受欢迎的。这道美食是典型的威尼斯美食。蛤蜊用蒜瓣、香芹和橄榄油提香。不要用番茄酱！这里还要提醒您：鱼肉是不能搭配帕尔马奶酪的！

份量：6人份　准备：30分钟　烹饪：20分钟　放置：2—4小时

500克思佩戈提或比格利
1千克蛤蜊
3瓣去皮的蒜
½把香芹碎
1杯白葡萄酒
橄榄油
一点辣椒
盐、胡椒粉

用流水认真清洗蛤蜊。在粗盐水中浸泡2—4小时去除沙子。扔掉已经开口的蛤蜊。大火烧热平底锅中的橄榄油，加入切成两半的蒜瓣，倒入蛤蜊，盖上锅盖。2分钟后，持续颠动平底锅使热量均匀。蛤蜊开口后，倒入一半的香芹，搅拌后倒入漏勺，保留汁水。扔掉没有开口的蛤蜊。用筛子过滤汁水去掉沙子。剥掉一半蛤蜊的壳儿，保温存放。

锅中加水煮沸，加盐，加入意大利面，煮至劲道。同时，洗干净平底锅，加入3汤勺橄榄油和切成两半的蒜瓣，烧热油。加入煮蛤蜊的汤汁，煮沸。平底锅中倒入意大利面，在大火下把面和汤汁搅拌一下之后就做好了。摆盘上桌前，加入剥壳和未剥壳的蛤蜊。取出蒜瓣。加入胡椒粉和剩下的香芹碎，如果喜欢的话，可以加入一点辣椒。

小窍门

蛤蜊不应该煮太久，否则会变得失去弹性！

不需要放盐，因为贝类动物已经很咸了。

海鳌虾面

威尼斯的海鳌虾出自亚得里亚海浅海地区，因其鲜嫩的肉质和鲜美的口感而出名。这道美味的海鲜来自斯洛文尼亚和克罗地亚的伊斯特拉半岛，那里以前属于威尼斯。吃海鳌虾最好的季节是春季，因为这时雌性海鳌虾头部布满了虾籽。

份量：6人份　准备：45分钟　烹饪：30分钟

600克思佩戈提（意式细面条）
1千克整只的海鳌虾
2千克成熟的番茄，去籽
2瓣蒜
1颗大洋葱
1—2根干辣椒
2汤匙自制面包屑
1汤匙香芹碎
1杯白葡萄酒
3汤匙橄榄油
盐

认真清洗海鳌虾。用剪刀剪开虾背部，用牙签取出黑色的肠。不要剥壳。蒜瓣剥皮去芽。洋葱剥皮切细碎。在长柄平底锅中，放入3汤匙橄榄油煎洋葱和辣椒2分钟。然后加入海鳌虾，大火煎几分钟后加入白葡萄酒。煮沸。翻转海鳌虾，加盐，撒入香芹和面包屑。盛入盘中。把成熟的去籽番茄放入长柄平底锅中，小火煮10分钟。然后加入海鳌虾再煮5分钟。取出蒜瓣。

在有柄平底锅中加入水煮沸，加盐，然后倒入意大利面。不停地翻动。面煮至劲道捞出沥干水分，在火上与酱汁搅拌在一起。加入少许橄榄油，撒入碎香芹摆盘上桌。

芦笋豌豆红虾墨鱼汁面

对于这道春季的菜肴，我建议大家自己制作墨鱼黑面。红虾要选择当地的，比如美味的威尼斯玛赞科勒大虾，还可以选一些海鳌虾。蔬菜要买应季的，快煮以保证蔬菜生脆。用柠檬片和新鲜蔬菜作为这些海鲜的配菜，实在是太美味了！

份量：6人份　准备：30分钟+45分钟　烹饪：30分钟

自制面条

500克玉米粉
4个鸡蛋
1个蛋黄
2袋墨鱼汁，大约4克（海鲜店有售）

配菜

2打当地红虾
250克新鲜豌豆，去壳备用
1捆绿色芦笋
4汤匙橄榄油
1汤匙香芹碎或罗勒
天然柠檬片
盐、胡椒粉

根据第90页的食谱自制面团。把墨鱼汁打入鸡蛋使上色，如果有必要，面团中多加一点面粉。用轧制机切开面团。如果没有轧制机的话，先把面团静置10分钟稍微变硬一些，然后把面团碾开，切成0.5厘米的长条。

水中加盐煮沸加入豌豆煮熟（根据豌豆大小决定蒸煮时间）。同样方法煮熟芦笋尖。过凉水冷却。把芦笋杆切成薄片（除去底部2厘米的部分），然后在长柄平底锅中放入橄榄油煎芦笋几分钟（时间不宜太久以使其保持干脆）。放入盐。红虾去壳，长柄平底锅加入橄榄油烧热，倒入红虾快速煎至金黄。先放盐再放入擦成碎末的柠檬片、豌豆和芦笋。

有柄平底锅中加入水放盐，放入面条煮至有劲道，捞出，沥干水分，保留2勺长柄大汤勺的面汤。把面和蔬菜、红虾、2汤勺橄榄油、香芹和面汤加热搅拌在一起。不断搅动直到面条和调料融合，水全部吸收。

可以摆盘上桌啦！

辛香海鲜面

这是一道温和香料调味的菜肴，这道菜在威尼斯最鼎盛时期统治海上贸易时就很流行。我们总是能在安缇仕卡拉帕尼餐厅的菜单上找到这道菜。这道菜的做法如下！

份量：6人份　准备：1小时　烹饪：45分钟　放置：3小时

500克比格利（做法参见90页）
3千克软体动物和贝类动物（贻贝、蛤蜊、蚶子、蛏子……）
800克枪乌贼
3瓣蒜
150毫升白葡萄酒
1根胡萝卜
1根西芹
1颗洋葱
1个丁香
1小撮桂皮粉、少量肉豆蔻
1片月桂叶、1枝百里香
6汤匙蕃茄汁
1汤匙碎香芹
橄榄油、粗盐

软体动物放在粗盐水中浸泡3个小时洗除杂质。洗净枪乌贼，掏空内脏，冲洗干净，把乌贼切成块。在有柄平底锅中加入橄榄油和蒜瓣，将各种贝类分别煎至贝壳开口。过滤煮好的汁水，去除可能残存的沙质，保存汤汁。切碎洋葱，胡萝卜和西芹。长柄平底锅预热，加入一点橄榄油油煎蔬菜。加入切成小块的枪乌贼，煎2分钟，然后倒入白葡萄酒。2分钟后加入一点过滤后的每种贝类的汤汁、香料和蔬菜。开小火，一边炖煮一边加过滤的汤汁，最后我们会得到浓稠的汤浆。加入贝类再炖煮2分钟。面条煮到劲道。捞出沥干水分，然后拌入卡西欧皮帕（cassopipa）酱料，每份加1汤匙番茄酱、少量橄榄油和香芹碎。

注意

这道菜起源于基奥贾（Chioggia），环礁湖口的一个小渔港。它的名字叫卡西欧皮帕酱拌比格利面。事实上，以前整个市场都在木质炉中的平底锅中炖煮这道菜。如今，这道菜已经变成一味地道的威尼斯菜。

Antiche
Carampane

洋葱鳕鱼通心粉

此烹饪法是在科沃餐厅的一道美味菜肴的启发下做成的。鳕鱼是威尼斯无法忽视的美食，这道菜提供给大家品尝鳕鱼的另一种方法。这道菜里，我们仍然会发现桂皮和开心果，这唤起了人们对威尼斯那段与东方国家进行香料和水果贸易时代的追忆。

份量：6人份　准备：30分钟　烹饪：30分钟

500克意大利面
600克浸泡过的鳕鱼
3颗中等大小的洋葱
2—3小撮桂皮粉
1大把天然开心果
1瓣去芽的蒜
1片月桂叶、1根香芹
1根新鲜墨角兰或香芹
橄榄油
盐、胡椒粉

在有柄平底锅中放入鳕鱼、1瓣蒜和1片月桂叶，加入冷水没过食材，开火煮沸然后煮5分钟。关火冷却（不要把水倒掉）然后把鳕鱼捏成大碎块，注意要同时捏碎鱼骨和鱼刺。油煎干开心果。开心果晾凉后，大致弄碎，保存。清洗洋葱，细细地切成薄片，倒入加有2汤匙橄榄油的长柄平底锅中煎至金黄色。撒入桂皮粉、盐，加入鳕鱼，然后加入汤汁炖煮5分钟。加入盐和胡椒粉。面条放入加有盐的沸水中煮至劲道，捞出沥干水分，加入到鳕鱼汤冲淡的鳕鱼洋葱酱汁中。加热搅拌至面条全熟并被酱汁完全包裹。加入碎墨角兰或碎香芹和碎开心果。摆盘上桌。

提示

做这道菜时，如果没有威尼斯的鳕鱼干，可以选择腌渍鳕鱼，不需要花太多时间脱盐（放到水里30分钟即可）。

鸡肝面

这是一道简便美味的菜肴！面条在原汁清汤中煮过之后，加入煎过的鸡肝和帕尔马奶酪。这道菜的传统秘诀就是面条用自制原汁鸡汤煮，这样做味道更鲜美！

份量：6人份　**准备**：20分钟　**烹饪**：15分钟

400克帕帕尔戴勃（用400克T80面粉和8个蛋黄，
根据90页的方法制作，或者直接购买）

配菜

400克鸡肝
50克黄油
1汤匙橄榄油
几枝鼠尾草
2升自制鸡汤（或者用天然鸡汤块）
6汤匙帕尔马奶酪屑
盐、胡椒粉

去掉肥腻的部分，清洗鸡肝，用吸油纸擦干鸡肝。把鸡肝切成块。长柄平底锅中放入一半黄油、橄榄油和鼠尾草，把鸡肝放入煎至金黄，加盐和胡椒粉。平底锅中加热原汁鸡汤，倒入意大利面。面条变劲道后，捞出沥干水分，加入1大汤勺原汁鸡汤和鸡肝搅拌起来。在小火上搅拌，水分吸收一些之后，加入剩下的切成块的黄油和碎帕尔马奶酪。然后摆盘上桌。

提示

确保鸡肝很新鲜，没有暗绿色的胆汁斑点。玫瑰色的鸡肝比鲜红色的鸡肝更加鲜嫩美味。鸡肝最好在水中浸泡30分钟把血清除干净。

注意

鸡肝和内脏在威尼斯的菜谱里都非常常见。特雷维索著名的美食家马费里(Maffioli)认为，鸡肝在口感上比兔肉、火鸡肉、鸭肉、鹅肉和嫩鸡肉更加可口。

蔬菜面饼

这是一种用春季蔬菜制作的面条，是在我多次光顾的祖卡餐厅的主厨启发下做出来的。相比于奶油调味汁，我更建议使用充满帕尔马奶酪的意大利乳清干酪，简直美味！

份量：6人份　准备：1小时　烹饪：30分钟

8—10片拉扎涅宽面片（直接购买或者根据90页的方法制作）
20克黄油

配菜

1捆绿色芦笋
300克豌豆，去壳备用
2—3根小西葫芦
1瓣蒜
橄榄油
盐、胡椒粉

奶油

500克意大利乳清干酪
100毫升液体奶油
100克帕尔马奶酪

将豌豆放入沸腾的盐水中煮10分钟，豌豆应仍然保持松脆。小西葫芦洗干净切成丁。去掉芦笋坚硬的两端。把芦笋杆切成薄片，芦笋两端放入沸水中烫煮2分钟。长柄平底锅中放入橄榄油，分别油煎芦笋薄片和小西葫芦丁几分钟直到变得有韧劲。撒盐。意大利乳清干酪中加入奶油和⅔份量的新鲜碎帕尔马奶酪，搅拌，撒入胡椒粉，需要的话可适当加盐。预热烤箱到180—200℃。面片放入加盐的沸水中煮2—3分钟，不能同时加入4片以上的面片，以防粘在一起。面片放入冷水盆中，捞出沥干水分，然后放在干净笼布上。在面片上撒上面包屑再涂上黄油，然后依次放上面片、意大利乳清干酪和蔬菜，达到3—4层。最后1层放面片、意大利乳清干酪、大量帕尔马奶酪和面包屑。

其他做法

冬天时，我们用韭葱、小南瓜和花椰菜等代替以上蔬菜。

LA ZUCCA

蘑菇面饼

我妈妈常常用加盐的鸡蛋软煎饼做面饼。在威尼斯的餐厅里，人们经常做应季蔬菜面饼，这种面饼比意式千层面更加美味，更容易切，在制作中能维持得好！

份量：8人份　**准备**：1小时　**烹饪**：1小时　**放置**：1小时

面饼
250毫升牛奶
3个鸡蛋、120克面粉
20克黄油，融化备用
盐

配菜
1千克蘑菇（牛肝菌、鸡油菌）
2汤匙橄榄油
1瓣蒜，去皮去芽切成两半
1枝迷迭香，切成两半
20克黄油
80克帕尔马奶酪
盐、胡椒粉

奶油调味汁
600毫升全脂鲜牛奶
40克黄油
40克面粉
肉豆蔻、盐

先准备面饼。在色拉盆里倒入面粉，面粉中间掏个洞。加入鸡蛋、盐和融化的黄油。加入牛奶搅拌，揉面至均匀无结块。加盖静置1小时。制作奶油调味汁，首先在平底锅中融化黄油。一边翻动一边在上面撒面粉。混合物变色之后，一边倒入牛奶一边不停地翻动，使均匀无结块，小火煮10分钟，加盐，撒上肉豆蔻，然后冷却。清洗蘑菇，把大块蘑菇切成两三瓣。长柄平底锅中加2汤匙橄榄油、蒜瓣和迷迭香（之后会取出），烧热油，小火分别煎蘑菇使水份蒸发。加盐。蘑菇放在一起炖煮2分钟。

预热烤箱到200℃。把面饼放入到事先涂了一层黄油的不沾平底锅中，经过1小时的静置，这时的面饼应已经足够细腻了。在面饼大小的烤盘上涂好黄油，倒上一层面饼，然后涂上一层奶油调味汁，铺上一层蘑菇和帕尔马奶酪。重复此过程直到把这些材料都用完。最后撒上面包屑。放在烤箱中烤15分钟，蘑菇面饼就做好了。

菊苣面饼

非凡的特雷维索的所有面食料理都值得一尝，不管是烘焙的，还是煎的。

份量：6人份　准备：1小时　烹饪：30分钟

8片拉扎涅宽面片（直接购买或者根据90页的说明制作）

配菜

500克菊苣
2根分葱
100毫升红葡萄酒
2汤匙橄榄油
100克帕尔马奶酪
20克黄油
盐、胡椒粉

奶油调味汁

600毫升新鲜全脂牛奶
40克黄油
40克面粉
肉豆蔻、盐

根据90页的食谱自制面团。

准备白色奶油调味汁。在有柄平底锅中融化黄油。一边搅动一边撒上面粉。当搅拌物变色时，逐渐倒入凉牛奶。不停地搅拌以防止结块。小火煮10分钟，加盐，撒上新鲜碎肉豆蔻。一边不停地搅拌，一边冷却奶油调味汁。

把菊苣切成4长段，洗干净，擦干水份，然后切成2厘米的丁。分葱去皮，切成薄片，在加橄榄油的长柄平底锅中煎至焦黄，加入菊苣，不停地翻动煮几分钟。加入白葡萄酒，煮掉水分，加盐然后再煮2分钟。预热烤箱到180—200℃。提前煮面片，面片放入加盐的沸水中煮2—3分钟，注意一次不要放超过4张面片，否则容易粘在一起。面片捞出放在盛有冷水的大盆中，然后捞出沥干水分，放在干净的笼布上。在烤盘中撒上面包屑，涂上黄油，依次放上一层面片，涂上一层奶油调味汁，铺上菊苣丁和帕尔马奶酪。然后再铺一层面片、奶油调味汁、菊苣丁、黄油屑和帕尔马奶酪。最后放入烤箱中烤20分钟。

注意

如果您使用脱脂牛奶制作奶油调味汁，您需要多加10克面粉和10克黄油。

菊苣是冬季的蔬菜。您家附近的蔬菜店应该会有，但是肯定会比意大利的菊苣贵一些！

朝鲜蓟煎饺

我们很快就会对威尼斯环礁湖圣爱拉斯谟岛(Sant' Erasmo)上的朝鲜蓟着迷。食材如果用紫洋蓟的话会更好吃!

份量:6人份　准备:50分钟　烹饪:15分钟

自制面团

400克面粉
4个鸡蛋

馅料

6—8颗紫洋蓟
100克熟土豆
2瓣蒜,切成两半
1汤匙香芹碎
4汤匙白葡萄酒(可选)
2汤匙橄榄油
4汤匙帕尔马奶酪
柠檬汁
盐、胡椒粉

酱汁

40克黄油
1汤匙香芹碎
40克帕尔马奶酪
6克鼠尾草

根据第90页的食谱自制面团。先准备馅料。择下洋蓟的深绿色叶子(大约十几片叶子)。放入加有柠檬汁的水中以防变黑。切成4小份,长柄平底锅中加橄榄油和蒜瓣,倒入叶子煎一下。加入酒或水浸没,煮几分钟直到变软,注意不要大火烧。加盐,关火。然后撒碎香芹和一点胡椒粉。用刀切⅓份量的洋蓟(剩下的洋蓟用于摆盘),加入压碎的熟土豆和帕尔马奶酪搅拌。加盐和胡椒粉。

制作小份面团(大约60克)。擀面板上撒上面粉,把面团擀成薄片。用2只咖啡汤匙把馅料以5厘米的间隔放在面皮上。用另一张面皮覆盖。用手指沿着馅料周围按压,赶走空气。用小轮切成三角形,用手指把饺子边捏紧,放在撒有面粉的笼布上。饺子放入加盐的沸水中煮大约5分钟(根据面皮厚薄定时间),然后用漏勺捞出沥干水分。黄油融化加入少许汤汁,和鼠尾草一起与饺子搅拌。上桌前加入香芹和帕尔马奶酪。

意大利蔬菜虾饺

这道菜好吃的关键，在于鱼肉要煮半熟，蔬菜要生脆。可以使用任何应季蔬菜代替食谱中的蔬菜。

份量：6人份　**准备**：50分钟　**烹饪**：10分钟

自制面团

400克面粉
4个鸡蛋

馅料

800克熟鱼肉（一点狼鲈、剑鱼、鮟鱇、煎鱼）
150—200克意大利乳清干酪
1颗新鲜的柠檬，皮磨碎备用
10片罗勒
橄榄油
盐、胡椒粉

酱料

12只虾（最好是当地的虾，是否带头都可以）
2根小西葫芦
2根西芹
1颗洋葱
3个成熟的番茄
1小撮罗勒
橄榄油
盐、胡椒粉

根据第90页的食谱自制面团。先准备馅料。用刀切碎熟鱼肉，加入意大利乳清干酪、切碎的新鲜柠檬、罗勒、一点橄榄油、盐和胡椒粉搅拌。然后制作饺子皮。把面团分成每份60克。薄薄地擀成皮，切成8厘米宽的正方形。最好加入1咖啡匙馅料。把面皮折叠成三角形，用手指把边缘捏紧（可以蘸一点水）。用食指挤压面皮两端使馅料集中。把饺子放在撒有面粉或粗玉米粉的笼布上。

接下来准备酱料。首先把西红柿剥皮，切成两半儿，放入沸水中然后捞出放入冷水冷却。把所有蔬菜切成丁。用橄榄油分别油煎小西葫芦和西芹，加盐使蔬菜保持生脆的口感。平底锅中煎洋葱，加入虾，再煎2分钟。然后倒入其他蔬菜和几叶罗勒，搅拌1分钟关火。

饺子倒入加盐的沸水中煮5分钟，用漏勺捞出沥干水分，然后开火，饺子加入酱料、汤汁和一点橄榄油搅拌入味。

意大利土豆丸子

意大利土豆丸子是意大利北部，更准确地说是威尼斯北部的一道特色美食。当我还是个孩子的时候，就喜欢和妈妈一起准备这道食物。我记得她跟我说过：“家庭自制的丸子是最好吃的丸子！”对此我非常赞同！这道菜最好在做好后立马品尝。如果放一段时间的话，口感就不一样了。

份量：6人份　准备：45分钟　烹饪：45分钟

1千克土豆泥（质地较粉的土豆）
300克面粉
1个鸡蛋
2小撮肉豆蔻
3小撮盐

清洗土豆，上火蒸或者在加盐沸水中煮40分钟，去皮，放在撒上面粉的擀面板上直接压碎成泥，然后冷却。手上沾上面粉，在土豆泥中间挖个坑，倒入¾份量的面粉、鸡蛋、盐和2小撮肉豆蔻。从中间向两边搅拌，如果需要的话可以加多一点面粉，和好的土豆泥面团应均匀柔软。用沾有面粉的手把土豆面团揉成直径1.5厘米的长条状面团，然后切成2厘米长的小剂子。也可以把土豆面团放到抹好帕尔马奶酪屑的礤床上，用手按压，这样就可以在面团上划出条纹。然后放在撒有面粉的笼布上。在锅里倒入水，加盐，待沸腾后，分2次倒入土豆丸子，等丸子从锅底部到升到水面时，用漏勺捞出来。加入酱料搅拌即可食用。

提示

如果您不是立即食用这些土豆丸子，我建议您预先煮好丸子，然后把丸子放入冷水中，捞出沥干水分，加点橄榄油，这样您可以把丸子在冰箱里放24小时。下次加热时，只需要把丸子放在沸水中煮热，然后在平底锅中与酱汁一起搅拌就可以食用。

蔬菜番茄甲壳小丸子

小丸子（Gnocchetti）就是迷你丸子（Gnocchi）。在意大利，人们在词语后面加一个后缀表示小或者大。小丸子是用虾蛄和蔬菜制作而成的。在特斯提耶尔餐厅，人们用野生茴香调酱汁。如果没有野生茴香，可以用1咖啡匙研磨好的茴香粉。

份量：6人份　**准备**：1小时　**烹饪**：15分钟

丸子

1千克土豆（选择质地较粉的土豆）
大约320克面粉
1个鸡蛋、1个蛋黄
3小撮盐

配菜

30个带壳虾蛄
500克番茄
1颗中等大小的洋葱
1汤匙蔬菜碎（香芹、小茴香）
3汤匙橄榄油
½杯干白葡萄酒
新鲜柠檬片
盐、胡椒粉

根据第116页的食谱制作土豆泥面团。用沾有面粉的手把土豆泥面团揉成直径1厘米的长卷。把卷切成1厘米长的段，放在撒面粉的笼布上。

番茄去皮，去籽，切成丁。洋葱去皮，切细碎，平底锅中加入橄榄油，倒入洋葱，小火煎至金黄。然后加入柠檬片、番茄、虾蛄和一半蔬菜。加盐，加酒，盖上锅盖，不要搅拌，小火煮4分钟。冷却一会儿，然后给虾蛄去壳，用剪刀沿着虾蛄身体剪开甲壳，然后取出虾肉（12只虾蛄不需去壳，留作摆盘用）。把其他的切成2厘米的段。

多取一些水加盐煮沸，分2次倒入丸子。一旦丸子从锅底部漂到水面，用漏勺捞出沥干水分。把所有的食材小火上搅拌至入味（不需要太久，否则甲壳类食材容易变软）。加入剩下的蔬菜，加花椒粉。如果酱汁太稀，可以加入1汤匙面包屑。

其他做法

可以用海螯虾和当地的红虾代替虾蛄。用同样的食材在小火上煮几分钟然后再去壳。

意大利墨鱼丸子

这道丸子菜是我在朱代卡岛的阿勒塔尼拉餐厅品尝过的一道美食，是我在威尼斯的一段很特别的回忆。老板兼经理斯特法诺（Stefano），给我揭秘了这道菜的制作方法，我很高兴和你们分享这道食谱！

份量：6人份　准备：1小时　烹饪：1小时

丸子

1千克土豆泥（选择质地较粉的土豆）
300克面粉
1个鸡蛋
3个乌贼墨汁囊（或者从鱼商处购得3袋乌贼墨汁）
3小撮盐

乌贼墨汁酱料

1千克带墨汁的乌贼，或者2袋乌贼墨汁（可在鱼商处购买）
1咖啡匙香芹碎
2瓣蒜，去芽切成两半
100毫升白葡萄酒
1平汤匙番茄浓汁
橄榄油
30克黄油
盐

清洗乌贼，仔细地掏空内脏，去掉嘴和眼睛。保留墨汁囊，把乌贼切成长条，然后切成小块。长柄平底锅中烧热橄榄油，加蒜瓣和香芹，倒入乌贼肉，搅拌2分钟。倒入白葡萄酒蒸煮，然后加入番茄浓汁和水浸没乌贼肉。不加盖中火煮20—40分钟。乌贼肉质变软后尝一下关火。加盐提味。取出蒜瓣。

根据第116页的食谱制作丸子。把乌贼墨汁囊或墨汁袋中的墨汁和鸡蛋一起加入土豆泥。用沾有面粉的手把土豆面团揉成直径1.5厘米的长条。然后把长条切成2厘米长的小剂子。把土豆泥小剂子放在撒有面粉的笼布上。

多准备一点水，加盐煮至沸腾，分2次倒入丸子。丸子从锅底部浮到水面上时，用漏勺捞出沥干水分。用加汤汁的酱汁搅拌丸子。最后，加入黄油细细搅拌，就可以上桌啦。

意大利鸭酱面疙瘩

这道菜是受到科沃餐厅一道菜的启发创作而成的。由面疙瘩和鸭酱、爱尔博科特（erbe cotte，当地生长的一种很像苦苣的野菜）混合制作的一道美食。鸭酱是威内托地区一道很经典的美食。这种方法适用于比格利面，同样也适用于塔利亚塔尔，拌着番茄酱吃。

份量：6人份　准备：45分钟　烹饪：1小时

面疙瘩

1块面团
30克黄油
30克帕尔马奶酪

鸭酱

3个鸭腿，切成两半
1根胡萝卜
1根西芹
1颗洋葱
2瓣蒜，去芽
1捆迷迭香和鼠尾草
1杯白葡萄酒
2汤匙橄榄油

蔬菜

500克青菜（菠菜、绿牛皮菜、萝卜茎叶等），煮熟备用
1瓣蒜，去芽
3汤匙橄榄油
碎肉豆蔻、盐、胡椒粉

根据第116页的食谱手工制作丸子面团。用沾面粉的手把面团揉成直径2厘米的长条，然后切成2—3厘米的小剂子。把小剂子放在撒满面粉的笼布上。

铁质炖锅中放入1汤匙橄榄油烧热，倒入鸭腿肉块煎至金黄，煎掉多余的脂肪。加入切碎的蔬菜、迷迭香和鼠尾草，搅拌，煎5分钟至金黄。然后加入白葡萄酒蒸煮，加盐，盖上锅盖。用小火炖煮1小时。鸭腿肉去骨剥皮，切成小块，然后再放入炖锅。洗干净菜，把牛皮菜切成长条，长柄平底锅中加橄榄油和蒜瓣烧热，倒入牛皮菜煎熟。加入盐、胡椒粉和3小撮肉豆蔻。继续煮到蔬菜的水分蒸发掉。

多准备一点水，加盐煮至沸腾，分2次倒入丸子。丸子从锅底部升到水面上时，用漏勺捞出沥干水分。加入融化的黄油和帕尔马奶酪搅拌。在每个盘子底部加鸭酱，蔬菜摆在盘子中间，丸子摆在盘子周围。

意大利烩饭

在意大利北部的波河平原，用于制作意大利烩饭的大米已经耕种了几个世纪。维亚洛纳诺大米（Vialone Nano）是威尼斯特产的大米，是做流质烩饭非常完美的食材。意大利人形容为阿勒温达（all'onda，意为“是啊，波浪”，因为当人们把盘子倾斜时，烩饭流向盘子的另一边会形成一个波浪）。意大利的杂货店可以购买到这种米。如果没有，就用卡尔纳罗利米（Carnaroli），再次之，用阿尔博里欧米（l'Arborio），这种米口感没有前两种好。

份量：6人份　**准备**：10分钟　**烹饪**：20分钟

500克大米（最好是维亚洛纳诺大米）
1.8升原汁蔬菜肉汤
1颗中等大小的洋葱
2汤匙橄榄油
50毫升干白葡萄酒或者原汁清汤
30克黄油块或者橄榄油
60克帕尔马奶酪屑（其中一半用于烩饭）
盐

加热原汁清汤，保持沸腾。洋葱切细碎。把橄榄油倒入厚底有柄平底锅中，待油热后，加入洋葱，小火煎5分钟直到洋葱变软。倒入大米，用木勺搅拌2—3分钟，很快米饭会变成半透明状。倒入酒或原汁清汤浸没食材，一边搅拌一边煮。加盐。加入1大长柄汤勺热的原汁清汤。随着水分不断吸收不断加入原汁清汤，并不停地搅拌。烹饪过程中，要根据食谱加入食材。加盐。沸水煮15—18分钟之后，烩饭就做好了。确认一下口感和调味是否到位，烩饭应是流质的，但里面的大米却是静止的。必要的话，多加入一点原汁清汤。关火，加入切成块的黄油和帕尔马奶酪用力搅拌1分钟（在意大利，这个阶段叫做烩）。盖上锅盖静置2分钟就可以上桌。

调味原汁清汤做法

蔬菜清汤：2升水中加入2颗切好的洋葱、2根胡萝卜、1根西芹、2根韭葱和盐煮沸，煮40分钟—1小时，然后滤掉蔬菜。

肉汁清汤：在500克以蔬菜清汤为底汤的锅中加入牛肋排，或1只母鸡，或者小鸡腿，炖煮2小时。撇去浮沫和油脂。如果没有肉质食材，可以用无香精无香味添加剂的天然肉汁清汤块。

鱼肉清汤：平底锅中加入2汤匙橄榄油烧热，加入2颗切成薄片的洋葱和韭葱，煎烤5分钟，然后加入500克清洗干净的鱼肉（鱼商会给顾客做好）、1捆蔬菜和一点白胡椒粉。加入2升冷水浸没食材，煮沸，撇去浮沫，中火炖煮30分钟。取出调味品。如果没有食材，可以用无香味添加剂的脱水鱼汤料。

1000g
RISARE
DE' TACCHI
DAL 1570.

PRODOTTO ITALIANO
RISO
VIALONE
NANO

豌豆烩饭

豌豆烩饭是威尼斯最重要的节日4月25日圣马可节的传统菜肴。在最尊贵的威尼斯共和国※时代，人们会给总督制作豌豆烩饭，豌豆是威尼斯环礁湖最新鲜的食材。这种烩饭也是流质的，比一般的烩饭稀一点，但比汤又稠一点。我们可以先做成烩饭，然后逐渐一点一点加入原汁清汤，这样口感更佳，或者是一次性把清汤全部倒入其中。米饭和未去壳豌豆的比例大概是1∶3。

份量：6人份　**准备**：15分钟　**烹饪**：大约30分钟

400克大米（最好选择维亚洛纳诺大米）
1颗洋葱
2汤匙橄榄油
1.5升原汁鸡汤或者原汁蔬菜汤
150克咸猪肉干
1.2千克未去壳的豌豆
1汤匙新鲜香芹碎
50克冻黄油
60克新鲜帕尔马奶酪屑
盐、胡椒粉

豌豆去壳，保留荚壳用于调味原汁清汤。用一点水煮荚壳，不要放盐，煮至变软，注意不要煮太久！准备做烩饭。洋葱切细碎。在柄平底锅中倒入橄榄油，加热，加入切碎的咸猪肉干和洋葱一起煎。倒入大米，搅拌1—2分钟，然后加入原汁清汤，加盐蒸煮。随着清汤不断被吸收，不断加入原汁清汤，同时不停地搅拌。10分钟后，加入去壳豌豆。中火煮15—18分钟，同时不停地搅拌。关火，加入碎香芹、胡椒粉、黄油和帕尔马奶酪，用力搅拌。盖上锅盖静置2分钟。上桌。

※最尊贵的威尼斯共和国，指威尼斯，是18世纪前的独立国家。

其他做法：豌豆烩饭

马萨科尔塔餐厅的大厨莫洛·洛朗佐（Mauro Lorenzo）曾给我做过一道豌豆烩饭，烩饭中加入了去壳的熟蛤蜊和熟贻贝，并用他们的美味汤汁调味（嫩煎贝壳的烹饪方法见76页）。

莫洛用鳀鱼代替盐（这是一种鳀鱼浓汤汁，类似于鱼酱油）。加入2大汤匙原汁清汤之后，他还在烩饭中加入了几汤匙米粉增加米饭的柔滑口感，而不是在烹饪结束时加入黄油！

海鲜烩饭

制作这道美味烩饭，您要早早地去市场采购。而且我建议您，根据所在的季节和地点选择最好的食材。

份量：6人份　准备：1小时　放置：2小时　烹饪：30分钟

400克大米（最好选择维亚洛纳诺大米）
1升鱼肉原汁清汤（做法见124页）
1颗洋葱
200毫升干白葡萄酒
20克+50克黄油
30克帕尔马奶酪
盐、胡椒粉

海鲜

1千克贻贝
500克蛤蜊、蚶子、扇贝
500克当地红虾
2条火鱼脊肉
3汤匙橄榄油
2瓣蒜，去芽切成两半
½把香芹碎

清洗贝类。在盐水中浸泡2小时，去除沙质。平底锅中加入橄榄油、蒜瓣和香芹并烧热。几分钟之后，倒入白葡萄酒，煮沸，分别倒入各种贝类。开口后捞出，放入沙拉盆中。所有的贝类都煮熟之后，过滤汤汁。贝类去壳（留20个贝类用于摆盘），然后放入过滤的汤汁中，保留剩下的汤汁。红虾去壳（留6只用于摆盘），捣碎红虾壳，放入汤汁中（这将作为烩饭的调味汁）。长柄平底锅中倒入2汤匙橄榄油，加热，用大火煎红虾。加入盐和胡椒粉。盛出备用。剔出火鱼的鱼骨，放入长柄平底锅加橄榄油煎2分钟，加盐。

根据烩饭基本做法的说明准备烩饭（参见124页）。葡萄酒蒸发吸收之后，倒入贝类动物、汤汁和热调味汁。随着汤汁被吸收，不断再倒入调味汁，同时不停地搅拌。煮15—20分钟。加入煎熟的红虾、火鱼和贝类动物，用力搅拌结束烹饪。关火，加入1汤匙碎香芹、奶酪和帕尔马奶酪，搅拌一下，盖上锅盖静置2分钟。贝类和红虾一起摆盘上桌。

土豆烩饭

天气凉的时候，我就会在家吃土豆烩饭，这是一道温暖胃和心的菜肴。这道菜使用猪膘、迷迭香和蒜瓣进行调味，美味不可抵挡！

份量：6人份　准备：15分钟　烹饪：25分钟

350克大米（最好选择维亚洛纳诺大米）
300克含淀粉土豆（选择质地较粉的土豆）
50克猪膘（最好选择卡洛纳塔的猪肉）
1枝迷迭香　1颗洋葱　1.5升牛肉原汁清汤
2汤匙橄榄油　30克黄油　60克帕尔马奶酪屑

猪膘切成小薄片，土豆切丁，洋葱切碎，加入2汤匙橄榄油，与迷迭香一起油煎5分钟。加入大米，搅拌2分钟。加入原汁清汤，然后根据烩饭基本做法烹饪（参见124页）。关火后加入黄油和帕尔马奶酪，用力搅拌，盖上锅盖静置2分钟。

香肠烩饭

在威尼斯有一种专门制作烩饭的香肠，那就是隆加内格（luganeghe）猪肉肠，这种香肠用香料制作而成，味道独特。我建议大家带真空装，如果没有的话，可以用新鲜香肠，加一点桂皮和肉豆蔻搅拌。

份量：6人份　准备：20分钟　烹饪：30分钟

400克大米（最好选择维亚洛纳诺大米）
400克隆加内格猪肉肠或者一般新鲜美味的香肠
2根西芹　1颗洋葱　1.5升牛肉原汁清汤
150毫升干白葡萄酒　4汤匙橄榄油　30克黄油
60克帕尔马奶酪屑　盐、胡椒粉

清洗西芹，切丁。倒入烧热的2汤匙橄榄油，煎2分钟，加盐。在长柄平底不沾锅中油煎去肠衣的香肠3分钟，然后用餐叉压碎香肠肉。扔掉肥腻的部分。根据第124页的说明制作烩饭。酒沸腾被吸收之后，加入香肠肉和西芹。倒入原汁清汤，随着汤汁被吸收，不断加入清汤，同时不停地搅动。煮15—20分钟。关火，加入黄油和帕尔马奶酪，用力搅拌，盖上锅盖静置2分钟。

小南瓜烩饭

份量：6人份　**准备**：20分钟　**烹饪**：30分钟

400克大米（最好选择维亚洛纳诺大米或者是卡尔纳罗利大米）

1千克小南瓜	1.5升原汁鸡汤	2颗洋葱
2汤匙橄榄油	30克黄油	60克帕尔马奶酪
1小撮肉豆蔻	1小撮桂皮粉	盐、胡椒粉

小南瓜切成片，上火蒸熟或水中煮熟。十几分钟后，南瓜肉变软，如果南瓜不新鲜就去皮，然后切成小丁。根据基本烩饭的做法准备烩饭（参见124页）。加入1大长柄汤匙原汁清汤、肉豆蔻桂皮粉和一半小南瓜。煮10分钟后，加入另外一半小南瓜（使口感更硬一些）。关火，加胡椒粉、黄油和帕尔马奶酪，用力搅拌。盖上锅盖静置2分钟后上桌。

乌贼墨鱼汁烩饭

份量：6人份　**准备**：45分钟　**烹饪**：35分钟

400克大米（最好选择维亚洛纳诺大米）

600克带墨囊的新鲜乌贼或者到鱼商店购买8袋4克的墨汁

250毫升干白葡萄酒	1.5升鱼肉清汤或蔬菜清汤
3—4根分葱	1瓣蒜，去芽切成两半
5汤匙橄榄油	30克冻黄油
30克帕尔马奶酪屑	盐、胡椒粉

先准备乌贼。把头和身体分开，去骨，保留墨囊放入小碗中，用原汁清汤稀释。认真冲洗乌贼肉，去皮和眼睛。把乌贼肉切成长条。分葱切细碎。在2汤匙橄榄油中油煎⅓份量的碎分葱，加入蒜瓣和乌贼肉，大火煎几分钟至金黄色。倒入一半酒淹没食材，加盐煮。关火，汤汁中加入墨汁搅拌。根据第124页的食谱准备烩饭，用剩下的分葱代替洋葱。酒被吸收之后，加入乌贼汤汁。倒入原汁清汤，随着汤汁被吸收，不断加入清汤，同时不停地搅动。煮15—20分钟。关火，加入1汤匙香芹碎、黄油。

白芦笋烩饭

五月的天气最宜食用白芦笋。在威尼斯，特雷维索附近的巴萨诺·德尔格拉帕、包德尔和奇马多尔莫的白芦笋最有名。春天，在市场的货架上，我们也能看到野生小芦笋，比如森林芦笋（野生芦笋）或卡莱蒂笋，把这些食材加到烩饭中会很美味。

份量：6人份　准备：30分钟　烹饪：15—20分钟

450克大米（最好选择维亚洛纳诺大米）
1千克白芦笋
1.5升原汁蔬菜汤或原汁肉汤
100毫升干白葡萄酒
1颗洋葱
2汤匙橄榄油
30克黄油
60克帕尔马奶酪屑
盐、胡椒粉

先清洗芦笋。芦笋茎去皮，去掉最后3厘米（最坚硬的部分）用于制作原汁清汤。保留芦笋尖，把茎切成大约1.5厘米的块。然后准备烩饭，把洋葱切碎，在有柄平底锅中加入橄榄油烧热油煎洋葱5分钟。倒入大米，搅拌2—3分钟，然后倒入酒淹没食材，烧至沸腾，加盐。倒入热的原汁清汤。加入白芦笋块，然后不断加入原汁清汤。10分钟后，加入芦笋尖。烩饭总共煮15—20分钟。关火，加胡椒粉、黄油和帕尔马奶酪，用力搅拌。盖上锅盖静置2分钟，上桌。

意式浓汤

意式浓汤是蔬菜浓汤，在不同季节由不同厨师制作，选用的食材也不一样。这道浓汤在威尼斯的每一个角落都能品尝到。食材中可以没有面团，但四季豆（或干四季豆）必不可少。

份量：6人份　准备：30分钟
烹饪：30分钟＋2小时（干四季豆蒸煮）　放置：12小时

600克新鲜去壳四季豆或200克干四季豆
2个土豆
2颗洋葱
2根胡萝卜
2根西芹
2根韭葱
½颗卷心菜
300克小南瓜或大南瓜
6片牛皮菜叶
2汤匙香芹碎
6汤匙帕尔马奶酪屑（可选）
150毫升橄榄油
2小撮小苏打
盐、胡椒粉

如果我们用干四季豆，就在大沙拉盆中倒满水，加入2小撮小苏打，浸入干四季豆浸泡1晚。捞出沥干水分，然后水中煮2小时。择蔬菜，切成小块。在大号有柄平底锅中加入2汤匙橄榄油烧热，油煎洋葱片。加入蔬菜（除了香芹）还有新鲜四季豆或干四季豆，加入水浸没，小火炖煮直到蔬菜变软（需要20—30分钟）。蔬菜熟了之后，取出一半，搅拌之后倒入汤中，与剩下的另一半进行搅拌。加盐和胡椒粉。静置（第二天加热食用味道更好，因为那时候汤汁已经都融到菜里）。吃的时候里面要放入少许上等橄榄油，撒上香芹碎。里面还可以放入1汤匙碎帕尔马奶酪。

其他做法

蔬菜随季节变化而变化。夏季，我们可用四季豆、西红柿、西葫芦和罗勒代替卷心菜、南瓜和韭菜。

大麦四季豆浓汤

这款传统浓汤在冬季饮用会暖和全身，在夏季饮用会降暑。我总是会在壁橱中准备一袋蔓越莓豆。最好的四季豆是拉蒙四季豆（Lamon，拉蒙是威尼斯贝卢诺省费尔特雷附近的一个村庄），这种四季豆皮质松软，质地较粉，特别适合制作浓汤！如果你来威尼斯，建议带一些回去！

份量：6人份　准备：10分钟　烹饪：至少2小时
浸泡：12小时（干四季豆）

300克拉蒙或蔓越莓干四季豆，或600克新鲜去壳的四季豆
100克大麦或面团
30克香料腌制猪膘或火腿皮
1颗洋葱
1根西芹
1根胡萝卜
100毫升橄榄油
1枝迷迭香、1片月桂叶
2小撮小苏打或1块海藻（使四季豆更加易消化）
2.5升水
盐、胡椒粉

首先，把干四季豆放入加小苏打和海藻的水中浸泡4个小时。捞出沥干水分。在有柄平底锅中烧热橄榄油，再把洋葱和胡萝卜去皮，和西芹一起切碎并放入锅中，再放入猪膘、迷迭香和月桂一起油煎。加入四季豆，加水直到浸没食材，加入小苏打或海藻。水沸腾后，继续煮2小时。煮的过程中不断加入沸水使得水能浸没四季豆，让四季豆变软，最后加盐。煮的同时，在加盐的沸水中煮大麦直到大麦变软，大约需要15分钟。把一半汤加入家用电动绞菜机中搅拌，把搅拌好的汤倒入另一半汤中继续煮。当汤沸腾之后，加入大麦煮2分钟。最后加入一点橄榄油和一点胡椒粉就可以上桌啦。

其他做法：面食版浓汤（意式四季豆面汤）

加面的意式浓汤比加大麦的浓汤更加常见。人们使用短管状意面或者切成10厘米方块状的干制面条直接加入汤中。注意烹制中要加入足够多的水。

意式鱼汤

威尼斯的里亚托鱼市起源于公元9世纪。在那里，我们可以找到制作海鲜浓汤所有必需的原料。如果你去不了里亚托鱼市（那就太遗憾了），也可以向当地鱼商咨询怎么做鱼汤，每个沿海城市都有自己做鱼汤的方法。不要忽视鲉鱼，虽然味道很难闻。在意大利，人们把特别懒的人称作鲉鱼。不管怎么说，鲉鱼毕竟还有提鲜的作用。

份量：6人份　准备：1小时30分钟　烹饪：30分钟

2.5千克鱼肉（鲉鱼或火鱼、狼鲈、剑鱼、鮟鱇）
12只海螯虾或红虾
600克枪乌贼（可以混合或直接用其他软体动物和贝类代替）
1瓣蒜，去皮去芽切成两半
1颗洋葱
1根胡萝卜
1把西芹
200克成熟的番茄，去皮
几根香芹茎
1片月桂叶
150毫升干白葡萄酒
4汤匙橄榄油
1片烘焙面包，切片
盐、胡椒粉

洋葱和胡萝卜剥皮.和西芹一起切碎，用2汤匙橄榄油小火油煎这些蔬菜。同时，冲洗鱼肉，掏空内脏，保留头、鱼鳍和鱼骨，加入蔬菜中。中火油煎2—3分钟，加入酒浸没，煮沸，加入番茄丁、蔬菜和1.5升水。沸腾之后煮20分钟，汤汁过滤。重新放到火上煮2—3分钟，加盐和胡椒粉。洗净的鱼肉切块。炖锅中加2汤匙橄榄油和蒜瓣，烧热，加入枪乌贼和海螯虾，大火煎1分钟，同时不停搅动。加入2汤匙原汁清汤和鱼肉块。小火炖5分钟，根据食材多少控制炖煮时间。取出蒜瓣。如果我们使用贝类，分别煮至开口，然后加酒和过滤的汤汁。空盘中摆上鱼块、枪乌贼和海螯虾，倒入清汤，撒入橄榄油、碎香芹和胡椒粉，最后摆上烤面包片即可食用。

备注

在基奥贾的食谱中，他使用半杯醋代替白葡萄酒，而且不加番茄（鱼汤中加入番茄是从公元19世纪开始的）。

鱼汤中不加帕尔马奶酪！

煨汤

这是一道在炉灶上慢慢煨2小时的汤。以前，这道汤要在70℃的木炉灶里煨几个小时。这是一道很美味的汤！这道特别的汤配沙拉，口感很好。

份量：6人份　准备：1小时　烹饪：2小时30分钟

3只切成4块的鸽子，如果没有的话，就用鹌鹑或小鸡代替
18片去皮硬面包或者1大块面包芯
60克黄油
100克帕尔马奶酪屑
1颗洋葱
1根西芹
1根胡萝卜
1杯白葡萄酒
橄榄油
盐、胡椒粉

原汁清汤（2升）
1根胡萝卜、1根西芹
1颗洋葱
500克火锅牛肉（肋骨底部）、1只小鸡骨或者2根小鸡腿
煮熟的鸽子骨
盐

尽可能提前1天准备原汁清汤。在有柄平底锅中放入1根胡萝卜、1颗洋葱、去皮的整根西芹、牛肉块和洗净的骨头，加入2.5升水浸没，煮沸，加盐，然后不停搅拌炖煮2小时。

洋葱和胡萝卜去皮，和西芹一起切丁。放入少量橄榄油中油煎，加入切块的鸽子肉，煎至金黄。加酒浸没，煮沸，加入2大汤匙原汁清汤，加盖煮30分钟。结束前5分钟加入鸽子肝。肉冷却，切成长条，取出肝，切2块。肉汤汁中加入热原汁清汤。预热烤箱至80—100℃。在涂好黄油撒上面包屑的盘子中，摆上一层涂黄油的面包片（传统食谱要求面包片用黄油煎），加入帕尔马奶酪、鸽子肉和鸽子肝，加入一点原汁清汤浸没，再加一层面包片，如此反复到用完食材（3层面包和2层鸽子肉）。加入原汁清汤浸没面包，然后放入炉中烤，不断地加入原汁清汤使面包软糯。

塞斯特雷城堡和圣马可广场

走在圣吉瓦尼广场上（Campo dei Santi San Giovanni e Paolo），可以先喝一杯咖啡，品尝**洛萨萨尔瓦**（Rosasalva，1）蛋糕店的威尼斯饼干或帕斯缇娜（pastina，一种糕点）。在那里，你会看到大理石柜台上摆放的各式各样的美味糕点，经过的路人会停下脚步进去品尝，店里的客人更是大快朵颐！请您品尝意大利乳清干酪蛋糕、大米蛋糕和玉米杯子蛋糕。如果你想吃一顿咸的早餐，你可以去尝尝圣吉瓦尼大教堂对面桥上的**阿尔彭特**（Al Ponte，2）小帕尼尼。在这家全天营业的独具特色的小餐厅里，你可以吃到很多美食和威尼斯小吃。在洛萨萨尔瓦蛋糕店旁边，有一家**法语书店**（Calle Barbaia delle Tole，3）。这又不仅仅是一家书店，而是各种文化汇聚交流的地方，也是人们进行讨论的地方。我建议你买一本书或者一本威尼斯旅行指南（法语版）。

为了更好地了解美丽的圣玛利亚福尔摩沙市场，最好去奥斯裴代乐大街看一看。这里有一家**马萨科尔塔**（La Mascareta，4）葡萄酒吧，晚上19点才开门。如果路过的话一定要进去喝一杯哦。这家酒吧一直开到深夜（这在威尼斯不常见，这里的酒吧关门都很早），葡萄酒爱好者千万别错过。在那里，我们还可以听到酒吧老板莫洛·洛朗佐（Mauro Lorenzon）讲关于这个酒吧的有趣故事。这家酒店以提供当地特产的葡萄酒出名，葡萄酒用杯装，并配有美味的肉食、奶酪制品、牡蛎和许多好吃的食物。这家酒吧有2个内厅，外面还有几把扶手椅，无论是坐在里面品尝美酒，还是坐在外面欣赏美景都很惬意，所以，一定要去光顾哦！

圣约翰保罗市场的**特斯提耶尔餐厅**（l'Osteria alle Testiere，5）是一家开在街角的美味餐厅。从圣玛利亚福尔摩沙广场出发，经过蒙多诺瓦大街就能找到它。记得要提前预约座位，因为餐厅真的很小。厨师科洛迪欧（Claudio）和侍酒师卢卡（Luca）合开了这家餐厅，餐厅的传统菜肴很有创意，让人仿佛回到了威尼斯进行香料贸易的时代。你也可以品尝一下姜味海鲜等菜肴，实话讲，菜单上的所有菜品都值得一试！

沿着萨利渣打路，你就会走到里亚托市场。如果朝着反方向走，你会发现你旁边是威尼斯之珠——格里马尼宫！穿过圣玛利亚福尔摩沙广场，经过卢卡奇欧法和拉莫格里马尼路，你就会看到辉煌的格里马尼宫。此宫殿在大量修缮工作之后于2008年底再次开放，修缮后的宫殿厅金碧辉煌，美轮美奂。你可以好好欣赏一下这座宫殿，因为非它绝对值得参观一番！

阿尔司娜尔和科尔德利区有双年展的部分展览，沿着圣洛朗佐运河，经过圣乔治斯琪阿维尼继续向南就可以到达。这个地区的气氛让人感到神清气爽，因为它远离斯琪阿维尼河岸的嘈杂。美食爱好者的中餐或晚餐，我推荐去**科沃餐厅**（Al Covo，6），这是一家很优雅的餐厅。热情的凯撒（Cesare）和戴安娜（Diane）经营这家餐厅已经超过25年。当地有很多非常有价值的特产，比如名为佩斯卡多的鲜鱼，他们两人一直在努力挖掘这些特产的价值。我喜欢这里全开放的厨房和里面的2个小厅。一边围坐在露台舒服的桌椅旁，一边还能品尝柔软的油炸鱼！

如果不喜欢这家餐厅，那就让凯撒为你推荐别的餐厅，他会推荐你品尝葡萄酒和渣酿白兰地的好去处。如果你更想体验威尼斯式小餐馆气氛，那就去佩斯特兰大街（Calle del Pestrin）的**拉克特索塔**（La Corte Sconta，7）餐厅。正如餐厅名——“角落”一样，它的地点很隐蔽！但是餐厅气氛非常棒。而且，里面有一个漂亮小院子和前厅（这在威尼斯很少见），这里提供品质上乘并且非常有新意的威尼斯美食，面食都是手工制作的。想要感受这里的餐厅氛围，那就先从品尝鱼肉什锦拼盘开始吧。

回到斯琪阿维尼河岸，我们可以去花园，这里每年夏天都举办双年展，还可以去圣马可广场。在花园旁边，你可以参观航海历史博物馆，了解最尊贵的威尼斯共和国时期海上霸主的实力。穿过伽利巴迪商业街就能到达花园。

想吃冰激凌？**艾尔多达罗**（Al Todaro，8）是威尼斯最古老的一家冰激淋店。这家冰激凌店位于总督府和圣马可运河对面的圣马可广场上。我记得，当我还是个小孩的时候常常会买一根冰激凌去散步。坐下来吃冰激凌有点浪费，不如把钱攒着去花神咖啡馆喝杯咖啡吧！

想喝咖啡？如果想更好地欣赏圣马可广场，那就要选一家最有历史底蕴的咖啡馆，**花神咖啡馆**（Café Florian，9）是威尼斯最古老的咖啡馆。它是在1720年年底开业的。在那里，你会品尝到一杯回味无穷的咖啡。天冷的话，可以选一杯热腾腾的尚蒂伊奶油巧克力。在花神咖啡馆对面，是**戈亚迪咖啡馆**（Grancaffè Quadri，10）。你可以去那里尽情地品尝美食，这家咖啡馆历史悠久，刚刚由阿拉莫兄弟接手。

想在神秘而优雅的地方喝一杯开胃酒，那就朝瓦拉尔索大街的方向走。在科尔博物馆旁边，大运河的对面，你会看到**哈利酒吧**（Harry's Bar，11），这是朱塞佩·斯普莱利（Giuseppe Cipriani）在1931年开的酒吧。海明威曾在运河旁边的树下写小说。冰镇开胃酒贝利尼和当地肉菜卡尔帕奇欧都在这里诞生。传统仍在延续。抿一口冰镇开胃酒，吃一口三明治，简直就是一种享受。

CASTELLO
C. WIDMAN
C. Rio ter
Calle della Testa
Fondamenta dei
Nuove
C. SAN GIOVANNI E PAOLO
Sal. San Giovanni
C. Torelli
Barbaria delle Tole
Calle delle Cappuccine
Fond. di Sta Giustina
C. S. Francesco
C. S. FRANCESCO D. VIGNA
CAMPO DELLA CONFRATERNITA
C. STA GIUSTINA
C. Bressana
C. Trevisana
C. Pinelli
C. Ospedale
Ramo Cappello
C. DI S. MARIA FORMOSA
C. I. S. M. Formosa
C. del Paradiso
C. Mondo Nuovo
S. Lio
Calle larga S. Lorenzo
C. SAN LORENZO
Corte Nuova
Calle dell' Ólio
Ruga Giuffa
Fond. di S. Severo
Fond. di S. Lorenzo
CAMPO DELLE GATTE
C. del Lion
C. dei Furlani
C. degli Scudi
Calle Cassellaria
C. Querini
C. d. Madonna
C. del Magazen
Sal. dei Greci
C. dell' Arco
C. Rimpeto de la Sacrestia
C. della Sacrestia
F. dell' Osmarin
Sal. S. Antonin
Sal. del Pignatèr
C. del Pestrin
C. SANTI FILIPPO E GIACOMO
Sal. San Provolo
C. Canonica
PONTE DELLA CANONICA
C. d. Albanesi
C. de le Rasse
C. del Vin
C. Bosello
C. della Pietà
C. BANDIERA E MORO
C. d. Forno
Riva degli Schiavoni
PONTE DELLA PAGLIA
1
2
3
4
5
6
7
8

第二道菜和蔬菜

第二道菜和蔬菜

鱼、肉和配菜

维琴察鳕鱼酱

这道菜是维琴察的周末大餐。虽然食材简单，却是该地区具有代表性的一道菜，而且一定要配着玉米糕来吃。在威尼斯，人们会在这道菜里另加3撮桂皮粉。这道菜的正宗做法应该用鳕鱼干，但是如果没有的话，也可以用脱盐的鳕鱼来代替。

份量：6人份　准备：30分钟　烹饪：3—4小时

1千克处理好的鳕鱼（重新用水浸泡过的鳕鱼干或者脱盐的鳕鱼※）
3条用盐水腌制好的鳀鱼，或者6条罐装的鳀鱼
2颗洋葱
1瓣蒜，去芽切成4小块
1把香芹
200克面粉
50克帕尔马奶酪屑
500毫升全脂牛奶
200毫升橄榄油
盐

小心地将鳕鱼刺全部剔除。保留鱼皮作为胶质。将鱼切成约6厘米×6厘米的小块，并用吸油纸揩干。鳀鱼脱盐（快速在冷水里过一遍）去刺。洋葱和香芹切碎。将烤箱加热到130℃。洋葱煎炒至金黄，加入蒜和鳀鱼，并用叉子将其搅碎使之融化。起锅，加入香芹碎、奶、帕尔马奶酪，并充分搅拌。放盐。将之前做好的肉汤盛在盘子里，再将鳕鱼块裹上面粉（不要太厚）平铺在里面。汤汁要没过鳕鱼块，烤制3—4小时，期间不能加盖。如果上面干了的话就浇一些奶，但是绝对不能搅拌。我们也可以选择用煤气灶炖鳕鱼。加盖，小火慢炖2—4个小时，整个过程不能搅拌，但是可以颠锅。当然，如果我们能分2步制作的话，它将会更美味。第一天炖3小时，第二天再炖1小时。做好后，趁热与白玉米糕或者黄玉米糕一起享用。

※泡水和去盐的过程见11页。

墨鱼玉米糕

包括威尼斯在内的所有意大利人，都习惯就着墨鱼汁来烹饪墨鱼。这种做法可以为菜肴平添一种赏心悦目的色调和更丰富的滋味。在9月和10月，你可以品尝到很多美味精致的墨鱼料理。

份量：6人份　准备：30分钟　烹饪：20—60分钟

1.4千克中等大小的墨鱼
1颗洋葱
2瓣蒜，去芽切成两半
3汤匙橄榄油
2汤匙香芹碎
1杯干白
30毫升菜汤或者水
盐、胡椒粉

制作玉米糕所需材料

250克粗玉米粉（白玉米或者黄玉米均可）
1升水、10克粗盐

将墨鱼洗净，并小心掏空内脏（勿戳破墨囊）。剔除鱼嘴和鱼眼，保留墨囊。将墨鱼切成条状。洋葱切碎，用小锅加热橄榄油将其炒至金黄。放入蒜和1汤匙香芹碎。接着放入墨鱼，搅拌2分钟。倒入干白，任之蒸发。随后加入菜汤或者水将墨鱼淹没。中火烹饪20—40分钟，不加盖，在这个过程中，墨鱼会变得越来越嫩。

制作玉米糕。把水烧开，加盐，将粗玉米粉慢慢撒入锅中，并不断用搅拌器搅拌2—3分钟以防结块。玉米糕应该是流质的，若太稠可加入适量开水。若是提前煮好的玉米糕，加热5分钟即可，若是新做的，则需要煮1个小时左右。

墨鱼起锅前2分钟，倒入墨鱼汁。加盐。撒入剩下的香芹碎，即可与玉米糕一起享用。

其他做法

您也可以加入250克沸水汆过的新鲜豌豆。

小窍门

如果没买到有墨囊的墨鱼，可以向鱼贩购买4—6袋小包装墨袋代替。

油炸鱼和蔬菜

威尼斯的人们很难抵抗炸鱼带来的诱惑。由于地域、市场以及厨师品味的不同，它的制作原料可以是鱼类、软体动物或甲壳类动物。如果像阿尼斯斯特拉托餐厅一样，配之以茄子片、菜椒片、西葫芦片、洋葱片和炸葱片的话，将会更加美味。

份量：6人份　准备：40分钟　烹饪：15分钟

6条完整小火鱼
6条完整小鳎鱼
300克油炸鲭鱼
6只明虾
12小条枪乌贼
300克扇贝
400克面粉
1个菜椒，切成长条
2个西葫芦，切成直径为1厘米的小圆片
1个茄子，切成1厘米左右的半月形片
1根葱，切成长条
1个大的红洋葱，切成圆片
100克面粉
15—20毫升冰碳酸水
2升油
精盐

先准备面糊。混合面粉和碳酸水，搅拌，呈流质即可，放入冰箱。

掏空火鱼和鳎鱼并去头，仔细清洗。明虾去壳。掏空枪乌贼并将其切成圆片。洗净扇贝。将鱼、明虾、枪乌贼、扇贝在4℃的冰水中过一遍，使之冷却。将油加热至180℃。将鱼挂糊，轻敲几下去掉多余面糊。然后放入热油炸至金黄色。要先炸大鱼，后炸小鱼以及枪乌贼、明虾和扇贝。待熟，捞出，放到吸纸上。

将蔬菜分别挂糊后，放入热油里炸至金黄。

鱼和蔬菜分别加盐，即可食用。

注意

鱼进油锅的时候，温度需要非常低。这种热量冲击会减少油炸食品的油腻感。

威尼斯烤鳗鱼

在威尼斯，我们把鳗鱼称为比萨多（bisato）——因为它们常常生活在潟湖区的半咸水和科马基奥的沼泽地里。在维尼达吉吉欧餐馆，精心烤制的鳗鱼，可以带给人们鲜美无比的味蕾享受。

份量：6人份　准备：10分钟　烹饪：10分钟

1.5千克小条鳗鱼
1汤匙香芹碎
1颗柠檬
橄榄油
粗盐或者醋
盐、胡椒粉

鳗鱼的处理工作可以交给鱼贩。如果自己动手的话，建议戴上手套，拿1把盐或者1捧醋反复揉搓鳗鱼，以去掉鱼身上粘稠的表皮。之后掏空内脏并且切成15厘米左右的小块。清洗并且擦干净后，将每个小块都纵向切成两半。然后抹上油，放到烤热的烤架上。文火烤10分钟左右，一直烤到外焦里嫩没有肥油为止。撒上盐、胡椒粉、香芹碎，配上¼颗柠檬以及玉米糕*即可食用。

其他做法：穆拉诺岛的鳗鱼做法

穆拉诺岛（潟湖区里的一个小岛）以吹制玻璃器皿出名，烤鳗鱼是这里的传统菜肴。当地曾经有一个传统，在刚淬火过玻璃瓶，还热着的炉石上放上平底锅，锅中放上鳗鱼，然后慢慢煎炒。今天，鳗鱼被威尼斯人看作是一道特别的菜。在平底锅中放入油和蒜烧热，加入20来片新鲜的月桂叶以及切成5厘米左右的鳗鱼块，之后再加1杯水和1杯白醋使其他食材充分淹没其中。文火慢炖约15分钟后，加入胡椒粉即可。将肥嫩的鳗鱼肉汤倒入玉米糕，将会为之平添许多滋味。

※参见194页的菜谱。

鳎鱼肉配朝鲜蓟

鳎鱼在威尼斯也被称为斯佛极（sfogi）。由于亚得里亚海的鳎鱼尤其味美，所以它特别受威内托的人们所喜爱。

份量：6人份　准备：30分钟　烹饪：20分钟

6条小鳎鱼，每条约250克
30克黄油
3汤匙橄榄油
1颗洋葱
½杯干白
1片柠檬
1小把香芹
1枝百里香
盐、碾碎的胡椒粉
油焖朝鲜蓟做配菜（做法见204页）

让鱼贩将鳎鱼皮去掉并取鳎鱼的脊肉，剩余部分用来做浓郁的调味汁。将洋葱切碎。平底锅加1汤匙油，将洋葱煎至金黄。加入除脊肉之外的鳎鱼肉、香芹、百里香、柠檬片，搅拌。倒入干白，煮沸后再加50毫升水。收汁（只剩10毫升即可）。加盐和胡椒粉搅拌。之后滤出高汤。清洗并且用吸纸擦干鳎鱼脊肉。每2条卷到一起，用牙签固定，卷成6份。平底锅加2汤匙油和黄油，加热。中火将脊肉煎至金黄，每面煎大约2分钟。最后将高汤倒进锅中，加盖，文火慢炖几分钟稍微收一下汁，撒上油焖朝鲜蓟即可食用。

香草多宝鱼

我们可以为每人准备约300克的多宝鱼肉（正如我在阿尼斯斯特拉托所品尝的），也可以6个人共享1条约2千克的多宝鱼（大约50%会被剔除）。

份量：6人份　准备：20分钟　烹饪：40分钟

1条2千克的多宝鱼
6个优质土豆
100毫升干白
1颗洋葱
200克圣女果
20克黄油
4汤匙橄榄油
1把百里香、1把香芹
盐、胡椒粉

让鱼贩处理好多宝鱼。清洗、擦干、抹上油。将烤箱加热到180℃。土豆去皮，切成1.5厘米厚的小圆片。涂上橄榄油和盐后，将土豆片平铺在垫有硫酸纸的烤盘上。撒满香草，然后放上多宝鱼肉，颜色深的一面朝下。撒上黄油屑和盐之后在热炉里烤制10分钟。出炉后倒入干白以及切成小片的洋葱。然后重新放入烤箱，烤制30分钟。出炉前5分钟加入圣女果。

其他做法：多宝鱼脊肉

让鱼贩取出脊肉并置于烤盘中。加盐，胡椒粉之后放入温度为200℃的烤箱里烤制。5分钟后，倒入½杯干白，再烤5分钟后出炉。不要取出，放在烤箱里保持温度。

然后制作调味汁。放入½颗柠檬的柠檬汁、2汤匙橄榄油和1咖啡匙香芹碎，收汁几分钟即可。把鱼脊肉取出，拌上蔬菜一起食用。

烤鲷鱼

挑选鲷鱼时，1条正好够1人食用是最理想的。因为这种鱼若整条烹饪不去鳞的话，才可以保留原汁（鲷鱼、狼鲈、火鱼都是这样）。并且制作的时候最好将鱼在面包糠里面滚一下，这样就可以形成一层脆皮。

份量：6人份　**准备**：30分钟　**烹饪**：40分钟

6条或者12条鲷鱼（依据大小而定）
200克面包糠
12个小的紫色朝鲜蓟
50毫升干白
50毫升菜汤或者水
1瓣蒜，去芽
1汤匙香芹碎
5汤匙橄榄油
香芹
盐

将朝鲜蓟处理好（做法见200页），切成两半。平底锅加3汤匙油，放入蒜和一半香芹，加热（油热后取出蒜瓣）。放入朝鲜蓟，叶面朝上，大火爆炒2—3分钟后倒入干白。2分钟之后，倒入菜汤，加盐。盖上锅盖，温火炖10—15分钟，期间翻炒1次。有必要的话，加入剩下的香芹和菜汤。让鱼贩掏空鲷鱼但不要去鳞。在鱼腹里放盐进行腌制并放入香芹杆。之后放到面包糠里滚一下。将烤箱加热到200℃。将剩下的油涂到平底锅上，放入鲷鱼肉，每面煎2分钟左右，呈金黄色后将鱼放到烤盘里，烤箱烤制5分钟，即可与油焖朝鲜蓟一起食用。

注意

1条厚度为2.5厘米的鲷鱼，烤制时间大概需要10分钟。

茴香狼鲈脊肉

鉴于其凶残的习性，狼鲈又被地中海地区的人称为“海中之狼”，被意大利人称为“舌齿鲈”。作为亚得里亚海、地中海以及西大西洋的典型鱼种，狼鲈因其肉质紧实、味道鲜美、脂肪含量少而被人们喜爱。此鱼虽一年四季都可捕捞，但在冬天最为味美。若将其与茴香一起烹饪，味道尤为上乘。

份量：6人份　准备：15分钟　烹饪：15分钟

3条600—700克的狼鲈
4个茴香
4汤匙橄榄油
1汤匙香脂醋
1把香芹碎
盐、胡椒粉

让鱼贩把狼鲈的脊肉割下来。清洗干净后用吸纸吸干。茴香切薄片。平底锅加2汤匙橄榄油，放入茴香片炒5分钟直至其变脆。加入香脂醋，搅拌一会儿后放盐和胡椒粉。将烤箱加热到180℃。给脊肉抹油后，将其放到垫有硫酸纸的烤架上（有皮的那面朝下），烤制10分钟左右。加盐并且撒上香芹碎后即可与煎炒过的茴香一起享用。

烤鮟鱇鱼鲜尾

大西洋的鮟鱇特别鲜美。市场上的鮟鱇肉质紧实而有光泽。烹饪这种鱼，最合适的就是橄榄油和柠檬汁，并且要留下鱼头做调味汁，这是一种很流行的做法。

份量：6人份　**准备**：10分钟　**烹饪**：10—20分钟

6条小的鮟鱇鱼尾
20根左右的绿芦笋或者其他应季蔬菜
1汤匙香芹碎
1颗小柠檬
橄榄油
盐、胡椒粉

将鱼尾上的鱼皮去掉，清洗干净并用吸纸擦干。之后沿鱼脊割开。加热烤架。鱼尾涂油，中火烤制5分钟左右，期间要及时翻面，撒少许盐。在此期间，洗净芦笋，切掉3厘米左右的笋根，并用盐开水煮5分钟后，用适量橄榄油油焖5分钟左右。期间可以用刀刃切一下查看熟度。

然后要制作调味汁。柠檬汁加4小撮盐，用叉子搅拌溶解。加10毫升橄榄油、香芹、磨上2—3转的胡椒粉。淋到鮟鱇鱼尾肉上即可与芦笋一起享用。

如果鮟鱇鱼太大，可以用烤箱制作

烤盘加油，将鮟鱇鱼尾放入其中，覆之以香芹杆。淋上一点油并撒上盐后放入180℃的烤箱里，5分钟之后加入½杯干白（或者用鱼头做的调味汁），再烤制20分钟左右，期间要记得在鱼尾肉上淋2—3次原汁。

香菇鲂鱼

由于肉质紧实味道鲜美，鲂鱼成了大西洋鱼种中特别受人喜爱的一种。其形状呈椭圆形，扁平状，鱼身两侧各有一条黑边。相传圣皮埃尔使徒的食指和拇指上就有这样的黑边。

份量：6人份　**准备**：15分钟　**烹饪**：15分钟

1.2千克鲂鱼肉
500克菌类（鸡油菌、喇叭菌）
40克黄油
3汤匙橄榄油
1瓣蒜，去芽切成两半
1汤匙香芹碎
面粉、盐、胡椒粉

将蘑菇洗净，在水里过2遍，立马捞出并沥干。大的切成2片或者3片。锅中放2匙橄榄油，放入蒜瓣，加热。把各种菌类分别放到锅中并翻炒5分钟，加入盐和胡椒粉。让鱼贩将鱼脊肉割下，轻轻裹1层面粉，撒盐，然后煎炸。锅中加黄油和1汤匙橄榄油，每面煎2分钟。将烤箱加热到200℃。拿出烤盘，抹油后先铺上菌类，再放鱼肉，最后烤制4分钟左右即可。

适合夏季的做法（卡丽娜的做法）

卡丽娜是朱塞佩·斯普莱利的女儿，威尼斯传奇的哈利酒吧的老板。将鱼肉滚上一层面粉，放到加黄油和橄榄油的锅里翻炒，每面大概2分钟。然后把它们摆到抹上黄油的盘子里。撒上2汤匙腌制的刺山柑花蕾（但要提前将其泡到水里脱盐并且切碎）和4个西红柿（去皮，切成小块），将1颗柠檬榨汁并淋在鱼肉上，最后撒上30克黄油屑在200℃的烤箱里烤制4分钟左右即可。

备注

每份大概需要净重为400—500克的鱼肉（因为会有很多部分被处理掉）。烹饪时跟多宝鱼一样，整条烹饪或者只做鱼脊肉均可。

圣十字教堂、多尔索杜罗和朱代卡

乘坐威尼斯水上巴士沿着迪比阿齐奥河顺流而下，或者是从里亚托市场的佩萨罗宫旁边的圣十字教堂出发，向古老的圣贾科莫·德奥里奥教堂走。当然，沿途不要错过美丽的船型哥特式木屋顶。

途中可以在迷人的圣贾科莫广场稍作停留。那里到处都是绿油油一片，四处洋溢着咖啡的香气。在出售名牌葡萄酒的酒店**艾尔·普罗塞克**（Al Prosecco，1），你可以享用威尼斯小吃或者购买到当地的葡萄酒。

想吃纯手工制作的冰淇淋吗？取道鲁加·贝拉，穿过纳扎里奥萨乌罗广场后，在巴里街上你可以找到**阿拉斯加**（Alaska，2）。冷饮商卡洛·皮斯塔基将会为你推荐高品质的特色冰淇淋。夏天的时候，你也可以品尝一下真正的柠檬汁。

到达拉尔加街后，再穿过美吉欧桥，就到了**阿拉·祖卡餐厅**（Alla Zucca，3）。这个地方绝对值得一去。自1981年以来，这里一直由鲁迪管理，我们可以在这里品尝到各种素菜以及一些以动物内脏、小牛舌或者兔舌为主要食材的威尼斯特色荤菜。这个餐厅的菜品非常丰富，仅仅是南瓜布丁就值得你驻足。但是一定要记得提前预定。

路线二

步行或者乘坐威尼斯水上巴士，先到圣·托马然后再去圣约翰福音协会。这一宗教协会是威尼斯最早建立的协会之一（1261年）。在圣帕塔隆街上，坐落着一家名为**托诺洛**（Tonolo，4）的甜品店。这里是必去的一站，你可以在吧台边站着喝杯咖啡或品尝甜点。我最喜欢那里的意式蛋黄酱白菜、涂着尚蒂伊鲜奶油烤制的软糯可口的奶油夹心烤蛋白和卷成炮筒形填满奶油的千层酥，当然，狂欢节的时候还有炸海鲜和意大利油炸面包。继续南下，你会途经**圣玛格丽塔广场**（Campo Santa Margherita，5），威尼斯人会在此处相约喝一杯，或站着或坐在令人心旷神怡的酒吧天台上（可以喝杯咖啡或者欣赏窗外风景）。市中央广场是威尼斯为数不多的有夜生活的地方之一（附近有奥美斯尼运河堤岸和圣玛丽慈悲大学堂）。白天这里也是人声鼎沸，因为有很多水果摊、蔬菜摊和鱼摊，推荐你到西尔瓦诺先生的摊子去看看。

如果还想发掘其他的美食，可以穿过普尼桥，继续朝着圣巴拿巴广场行驶。在**巴卡**（La Barca，6）码头，一艘满载着琳琅满目的水果和蔬菜的船将会在那里等着你。

到了圣巴拿巴广场，你一定记得要在**圣庞蒂克杂货店**（Pantagruelica，7）铺里稍作停留。服务员莫里斯和他的妻子西尔维亚将会为你推荐当地最好的产品、红酒以及一些少见的白酒，而且他们认识所有的厂商！你将会见识到最顶尖的手工面、保存了36个月的火腿、蒙泰加尔达山羊奶酪、萨尔托雷利饼干以及一种名为奥尔托的威尼斯红酒。

同样是在市中心广场，你还可以去**格罗姆**（Grom，8），品尝一下圆锥蛋卷冰激淋，在不同季节它会散发出不同的清新香气。如果取道圣巴拿巴街，你会发现一些很吸引人的小家庭饭馆。它们提供的都是当地的地方菜。比如，**毕特**（La Bitta，9）的招牌菜是荤菜（晚上提供），**弗拉托拉餐厅**（La Furatola，10）的招牌菜是各种大西洋鱼。如果你想要品尝当地特有的奶油圆面包“威尼斯佛卡恰”，则需要去圣巴拿巴街的**克鲁西爷爷面包店**（Nono Colussi，11）那里。被人们亲切地称为“爷爷”的弗朗克·克鲁西将会为你介绍这种需要30小时才能做出的面包。这一过程需要3次发酵2次揉面！如果你足够幸运，或许还可以在阳台上欣赏到各种佛卡恰面包！可以提前打电话问一下他的时间安排（比较随意，看他的心情）。离开圣巴拿巴广场后，朝运河堤岸的托莱塔街走，可以在**艺术之家餐厅**（Ai Artisti，12）稍作停留，喝一杯开胃酒，甚至可以在周边的图书馆逛一圈后再回到这里吃午餐。

路线三

欣赏朱代卡运河的美景以及稍作小憩的最好办法，就是在扎特雷运河堤岸的**妮可冰淇淋店**（Gelati Nico，13）的天台上坐一坐，并品尝一下吉安杜奥提坚果巧克力，那是一种在尚蒂伊鲜奶油里浸泡过的吉安杜佳式的片状冰激凌。如果想尝一下威尼斯小吃或者购买葡萄酒，你可以去运河堤岸对面的圣特洛瓦索教堂附近的**康提诺·吉雅世亚维**（Il Cantinone-Già Schiavi，14）餐厅，这个餐厅历史悠久。亚历山德拉老婆婆就在那里现场制作其有名但又很朴实的威尼斯小吃。所有的威尼斯人都知道。当然，你也可以选择一处比较赏心悦目的地方就餐，比如扎特雷运河堤岸上的**里维埃拉**（La Riviera，15），那里的天台风景宜人，而且恰好正对着朱代卡运河和斯塔基磨坊。

如果你想要寻觅一处安静的场所，可以去朱代卡岛。这座潟湖小岛正对着扎特雷码头，游人稀少。乘坐威尼斯水上巴士，在帕兰卡下船，从左边换乘去德尔阿尔厄布大街。中间可以在**阿勒塔内拉**（Altanella，16）小餐馆

稍作停留。在那里迎接你的是这个家族的第四代传人。这里的气氛如同家一般温暖，罗伯托管理大厅，他兄弟斯特凡诺负责厨房。我在这里吃到过最美味的土豆墨鱼意式丸子。大厅很欢乐，天台很迷人，让人有一种身处郊外的感觉。

水上巴士快停靠到帕兰卡时，你可以到**法比奥 · 加瓦宁**（Fabio Gavagnin，17）鱼商那里逛一逛。他将会面带微笑地给你很多中肯的意见。如果要买各种面包，可以去**克劳迪奥 · 克罗萨拉**（Claudio Crosara，18）面包店，就在河对岸的玫瑰圣母堂对面。我们甚至可以从面包店的橱窗里看到这个美妙教堂的倒影。

肉馅烤鸭

肉馅烤鸭是救世主节（七月的第三个周日）的传统菜目之一。接下来我将为大家介绍一道我在维尼达吉吉欧餐厅学到的菜谱。

份量：6人份　准备：30分钟　烹饪：1小时15分钟

1只大鸭子或者3只小鸭子

肉馅

鸭肝和鸭心
150克猪脂制成的意大利烟肉（威尼斯式烤肠），切片
1瓣蒜
1颗洋葱
1根胡萝卜
1把西芹
几片鼠尾草叶
几片百里香叶和墨角兰叶
1把香芹、1枝迷迭香
1颗柠檬的皮
70克帕尔马奶酪屑
1个鸡蛋
面包糠
盐、胡椒粉

制作调味汁准备材料

1颗洋葱
1根胡萝卜
1根西芹
1片月桂叶、1枝迷迭香
2瓣蒜
几片鼠尾草叶
150毫升干白
1升鸡蛋汤（如果没有也可以用调味汤料）
3汤匙橄榄油

先要制作肉馅。洋葱和胡萝卜去皮。把香草和蔬菜切碎，放入鹅肝、鹅心、鹅肉（均切片）后搅拌，放入柠檬皮、帕尔马奶酪屑和鸡蛋，加盐、胡椒粉，再加面包糠，这样做出来的馅料更加紧实。之后将肉馅填入鸭腹，并用绳子捆好。

洋葱和胡萝卜去皮。将洋葱、胡萝卜和西芹切块儿。铁锅加2汤匙橄榄油，翻炒蔬菜和香草。2分钟之后，放入鸭子并将其煎至金黄。加盐。再稍微倒一些红酒，慢火炖几分钟后，倒入鸡蛋汤，加热至沸腾，然后慢炖约1小时。将烤箱加热到180℃，捞出鸭子并沥干后，放入烤盘并烤制15分钟。与此同时，将剩余汤汁温火收汁，并搅拌均匀。剪断绳子，将鸭子切成小块儿并且淋汁之后，即可与玉米糕以及烤土豆一起享用。

苹果板栗烤鹅

鹅是威内托地区秋季常吃的家禽。这源于11世纪之后迁入威尼斯的犹太人（他们可以用鹅做出很多菜）。

份量：8人份　**准备**：10分钟　**烹饪**：3小时15分钟

1只4千克的鹅（净重约为2.5千克）及其内脏
1.5千克斑皮苹果
500克熟板栗
2—3把面包糠
1咖啡匙桂皮粉
4小撮肉豆蔻
2个丁香
1杯干白葡萄酒
盐、胡椒粉

将烤箱预热到180℃。鹅清洗干净，将内脏和多余的鹅油放到一边。苹果去皮，切成大块。将鹅内脏切碎，加入辣椒、一半苹果和板栗，搅拌均匀。加入面包糠、盐以及胡椒粉。鹅腹撒盐腌制，放入¾份量的馅料，再用食品专用线将其缝好。用炼好的鹅油将鹅的各面煎至金黄（文火，10分钟），然后浇上干白，沸腾后起锅，盖上铝箔，烤制30分钟。之后，不加盖继续烤2.5小时，期间随时用原汁淋鹅身，鹅皮应该保持金黄而松脆。将剩下的苹果用剩余的鹅油煎软，过程中要随时翻炒。并加热剩下的板栗。肉汤去油（可以等它冷却，也可以用吸纸将油吸净）。将鹅放到盘子里，周围摆上苹果和板栗。

鹅切成8块，馅料切片，淋汁即可食用。

注意

每千克鹅（净重）烤制时间1小时。

其他做法

在特雷维索，人们常常将烤鹅和生西芹一起吃。我小的时候，在每年十月份圣卢卡的集市上，总能闻到它的香味，我至今记忆犹新。

佩韦拉达酱珍珠鸡

珍珠鸡在威内托非常受欢迎。而佩韦拉达酱，其配方早在14世纪当地编纂的第一本菜谱上就已经出现了（人们也会将其作为野兔以及其他野味的配料酱汁）。户外散养下的珍珠鸡，其肉质尤为鲜美，几乎可以与野鸡媲美。它的做法跟普通鸡肉的做法很像。

份量：4人份　准备：30分钟　烹饪：1小时10分钟

1只珍珠鸡
100克意大利烟肉或者切片的猪脂
150毫升干白
6片鼠尾草叶
2枝迷迭香
2瓣蒜，去芽切成两半
2汤匙橄榄油
盐、胡椒粉

佩韦拉达酱

200克鸡肝和1整块珍珠鸡肝
100克的意大利式大香肠、8块鳀鱼排
60克刺山柑花蕾
1瓣蒜
1把香芹碎
1—2颗柠檬
200毫升橄榄油
盐、胡椒粉

将烤箱预热到200℃。在珍珠鸡腹里放几片鼠尾草叶、1枝迷迭香、1瓣去芽的蒜和几片意大利烟肉。用薄片猪脂或者意大利烟肉（用食品专用线串起来）包裹珍珠鸡。锅中放油加热之后加入蒜、鼠尾草叶、迷迭香以及珍珠鸡，反复煎炒至面面金黄。倒入干白，煮1分钟后加盐和胡椒粉，烤制40分钟。在此期间，不断用原汁浇淋鸡身。

接下来要制作调味汁。柠檬去皮，榨汁保存。把意大利烟肉或者鳀鱼以及刺山柑花蕾切碎。鸡肝洗净切碎。锅中放油，加蒜和柠檬片，然后加热（油热后要把蒜瓣取出来）。放入意大利烟肉或者鳀鱼、刺山柑花蕾和切碎的鸡肝，搅拌后文火炒十来分钟。最后将柠檬汁倒入，多放一些胡椒粉，并放入香芹碎。文火再炖几分钟后关火起锅。将鸡切成4块，淋上调味汁即可食用。

其他做法

可以用葡萄酒醋代替柠檬，只是用量上要稍稍增加一些。这种做法所做的调味汁更酸一些。

小锅炖鸡

这道菜在威内托广为流传，家养动物在这片土地上古已有之。而鸡更是曾祖父母那一辈，包括我小时候的大餐。这种土鸡一般是烤制之后与土豆或者玉米糕一起烹饪，这样的话就可以充分吸收调味汁。

份量：6人份　准备：20分钟　烹饪：50分钟

1只肥土鸡，切成8块
50克意大利烟肉
2瓣带皮的蒜
100毫升干白
200毫升蔬菜高汤（自己用热水、盐、胡椒、香草、胡萝卜以及芜菁所熬的汤），或者买即食的蔬菜高汤调料块
2枝迷迭香
10来片鼠尾草叶
1颗洋葱
2根西芹
4汤匙橄榄油
盐、胡椒粉

制作土豆的准备

1千克土豆
1颗洋葱
1瓣蒜，去皮去芽切成两半
2枝迷迭香
50毫升橄榄油
盐

铁锅加油（可以将鸡油也加入），大火将鸡肉块儿煎至金黄。倒入另外的器皿里放置。用同一口锅，加2汤匙橄榄油，放入洋葱（去皮，切碎），之后依次放入意大利烟肉片、西芹（切成小段）、香草、蒜，最后放入鸡块。放盐和胡椒粉，浇上干白，炖几分钟后倒入热菜汁，并调小火。中火慢炖40分钟左右。其间，20分钟左右的时候捞出鸡肉，再收汁之后即可食用。

土豆去皮，洗净，擦干，切成大块。大平底锅里放油、洋葱片、蒜、迷迭香，加热。翻炒3分钟后放入土豆，中火翻炒20分钟，并不断搅拌。加盐后即可与鸡肉一起食用。

其他做法：番茄鸡肉

加入1盒300克的番茄酱（要用意大利品牌，比如San Marzano牌），收汁即可。

平底锅炖兔肉

在威内托，人们很爱吃兔肉。他们一般会提前一晚将兔肉腌上(料汁用一半水一半醋调成)。兔子最好是皮肉粉嫩，油脂呈白色。

份量：6人份　准备：20分钟　烹饪：1小时

1只兔子切成6块，2条兔腿也切下来
4汤匙橄榄油
1颗洋葱
1根胡萝卜
1根西芹
2瓣蒜，去皮去芽切成两半
2枝迷迭香
600克去皮的西红柿
1片罗勒
1杯干白
盐、胡椒粉

将兔肉洗净擦干。洋葱、胡萝卜去皮。将洋葱、胡萝卜、西芹切碎之后用2汤匙橄榄油翻炒，出锅。用同一口锅，放2汤匙橄榄油，加热后将兔肉、兔腿、迷迭香、蒜瓣放入，煎至两面金黄。倒入干白，煮2分钟后，放入切好的西红柿和罗勒。加盖文火慢炖，20分钟之后，捞出兔肉块，留兔腿继续炖30分钟。当然，如果愿意的话，在出锅前5分钟，也可以加入切碎的兔肝。取出蒜瓣后即可与玉米糕或美味的面包一起享用了。

其他做法

人们也会用烤箱烤制兔子，并且里面不会加西红柿，而代之以2杯高汤。

威尼斯火锅

这道菜是当地圣诞节或者其他节日的一道传统菜目。从秋天到春天，我们都可以在威尼斯美味的餐馆里品尝到它。人们一般用一辆小马车将其端到桌子上。肉按顾客要求的大小切成块儿，浸润在热汤汁里。它用3种调料制成，给人们呈现出一道赏心悦目、美味可口的佳肴。

份量：8人份　准备：30分钟　烹饪：3小时

1千克肥肉多的牛肉（制作锅底时用）
1根带髓骨
1只家养母鸡或1只阉鸡
500克小牛胸脯肉
1个穆赛托红肠或者1条意大利生猪肉肠
3颗嵌丁香的洋葱
3根胡萝卜
4根西芹
1把香芹杆
2片桂树叶
30克粗盐
胡椒粒
辣根菜调味汁（做法见188页）
整粒彩果芥末酱（Mostarda，芥末汁浸渍的果实，可以去上等香料铺找Lazzaris®这个牌子）

制作青酱所需材料

50克香芹叶、50克西芹叶
50克刺山柑花蕾
50克醋渍小黄瓜
2个煮鸡蛋
8块鳀鱼排
50克面包芯
8汤匙葡萄酒醋
1瓣蒜
100毫升橄榄油

胡萝卜去皮，大锅加6升水，将洋葱、带髓骨、胡椒粉以及蔬菜（切成块状）均放入锅中，水开后放盐，放入牛肉。待水开后将火关到最小，撇几次沫后，加盖炖30分钟。再把小牛的胸脯肉和鸡肉放进去，接着炖2.5小时，期间要随时撇去汤面上的浮沫。穆赛托红肠或者意大利生猪肉肠需要另外做。如果是生的，那么需要2小时，熟的话15分钟即可（做法见182页）。

制作青酱可以用5汤匙醋浸泡面包芯几分钟，然后与其他佐料、油以及剩下的醋拌起来。

这道菜上桌的时候要将锅端到桌子上并当着宾客的面将肉切开并放回原汁里，然后蘸着粗盐、辣根菜调味汁、整粒彩果芥末酱和青酱吃。

红肠土豆泥

穆赛托红肠（Musetto）是一种用猪肉做的半成品红肠。它由剁碎的猪肉、猪皮以及猪嘴制成，这正是它名字的由来。其佐料也离不开香料。这种红肠可以从威尼斯购买真空包装。如果不行的话，也可以用意大利生猪肉肠（cotechino）或者猪蹄镶肉（zampone）代替，这两种红肠很容易找，尤其是真空包装。它们的味道跟穆赛托红肠差不多，并且肉质都呈胶状。当然，穆赛托红肠主要是在冬天食用，人们常常用它来做蔬菜杂烩肉（意大利式火锅）。

份量：6人份　准备：45分钟　烹饪：2小时20分钟或35分钟

2条新鲜的穆赛托红肠（大约600克）或者2条意大利生猪肉肠或者猪蹄镶肉

制作土豆泥所需材料

1千克土豆（最好淀粉含量高一些）

250—300毫升牛奶

30克黄油

肉豆蔻

盐

如果红肠是真空包装（熟食），做法如下：将红肠连包装袋一起煮15分钟（当然，时间可以参考外包装上的说明）。

如果是新鲜的红肠，那么首先拿叉子扎几下，以防在烹饪过程中爆开。拿口大锅，放入凉水和红肠，水开后将火调小，文火慢炖2小时。

接着开始制作土豆泥。土豆去皮，切成4块，上火蒸，等到可以用刀轻轻扎入即可，这个过程大概需要20分钟（当然也可以水煮。但是切记若水煮的话土豆切成2块即可，以防它吸收过多水分）。然后趁热用捣菜泥器碾成泥。放入冷黄油屑后将奶慢慢倒入。再放盐和肉豆蔻。充分搅拌，直至土豆泥变成流质。

热红肠切片，摆到土豆泥上（或者玉米糕上）即可食用。

提示

如果想要土豆泥美味，最好用淀粉含量高的土豆，并且趁热碾成泥，而且要趁热食用。

其他做法

土豆无需碾得太碎，并且可以用橄榄油和盐代替黄油和奶。

奶汁猪肉块

按当地猪肉的传统做法，烹饪前要将肉块在干白里浸泡一下，这样做出来的猪肉会更香。也可以省掉做腌泡汁（以醋、酒、盐、香料等配成）的程序。这是我从我母亲那里得到的启发。

份量：6人份　准备：30分钟　烹饪：1小时30分钟

1.2千克无骨猪肉块
2瓣蒜，去皮去芽切成两半
1升新鲜的全脂牛奶
约10片鼠尾草叶
2枝迷迭香
1颗柠檬，榨汁，连皮一起保留
2汤匙橄榄油
20克黄油
盐、胡椒粉

牛奶加热，泡入蒜、鼠尾草叶和柠檬皮。将肉块用橄榄油和黄油煎至金黄，把锅底多余的脂油清理掉后加盐和胡椒粉。然后将奶倒入锅中（包括蒜、鼠尾草和柠檬皮）。小火慢炖1.5小时后捞出肉，倒入柠檬汁，收汁（柠檬的酸性会使汤汁最终凝结）。最后将蒜和柠檬皮取出，将汤汁淋到肉上，配上一些时令蔬菜即可食用。

其他做法

牛奶可以用常温啤酒代替，在制作过程中一点一点倒入锅中，锅底放入洋葱（用1汤匙刺柏浆果和1咖啡匙孜然煨好的），小火慢炖。这种做法以及土豆的做法均源自奥地利人（他们在拿破仑之后，18世纪末占领了威尼斯）。

威尼斯牛肝

这也是当地的一道传统菜肴。小牛肝是最佳选择，因为相对于猪肝和其他牛肝来说，其肉质更加鲜嫩。烹饪过程中一定要随时注意火候，因为熟的过程非常快，小牛肝肉变成粉色即可。过了这个火候肉质会变硬，不到火候，人们（尤其是意大利人）又不喜欢。

份量：6人份　准备：20分钟　浸泡：1小时　烹饪：30分钟

750克小牛肝
750克白洋葱
4汤匙橄榄油
20克黄油
1汤匙香芹碎
2汤匙白醋
盐，胡椒粉
烤玉米糕（做法见194页）

用水加2汤匙白醋浸泡小牛肝1小时以去除杂质，并将外面的那层皮去掉后，将其切成薄片（厚度大约3毫米，宽度3—4厘米，长度6—7厘米）。

洋葱去皮，切成薄片。平底锅热2汤匙橄榄油，小火炒洋葱30分钟左右，期间可以根据需要加几汤匙水。洋葱呈金黄色后起锅，出锅。然后就着同一口锅，热2汤匙橄榄油，快速翻炒小牛肝（时间不超过3分钟），直至肉质呈粉红色为止。加盐和胡椒粉。起锅，将其与洋葱和黄油搅拌，撒上香芹碎后与烤玉米糕一起享用。

其他做法

为了使这道菜更加美味，可以用水和醋泡开葡萄干和松子并撒入其中。或者也可以用新鲜的无花果或者泡开的无花果干。将它们和洋葱一起炒3分钟后撒入柠檬皮即可。

注意

这道菜不仅在整个地中海地区特别受欢迎，也渐渐在世界流传开来。其历史悠久。最开始人们需要用发甜的佐料将肝所具有的苦涩余味去掉。其名字来源于拉丁语。

小牛舌

我曾在祖卡餐厅配着南瓜土豆布丁品尝过这道菜。牛舌软糯可口。因其肉质鲜嫩，我们最好选用小牛舌。以下是我的做法。

份量：6人份　**准备**：20分钟　**浸泡**：2小时　**烹饪**：2小时

1.5千克小牛舌
1根西芹
1根胡萝卜
1颗嵌丁香的洋葱
1把香芹杆
2片桂树叶
1咖啡匙胡椒粒
3汤匙橄榄油
盐、胡椒粉

将小牛舌在水里浸泡2小时。换水。水开后放入小牛舌，文火煮1小时。蔬菜去皮切碎，并将其与桂树叶、香芹杆和胡椒粒一起放入锅中。再煮1小时，直到牛舌变嫩。让舌头晾凉后去皮，然后切成厚度1.5厘米左右的片状。香芹叶加上橄榄油、胡椒粉、盐调味，趁热与小牛舌一起吃，或者配着青酱（做法见180页）或辣根菜调味汁（做法如下）。

辣根菜调味汁做法

将辣根菜擦碎，之后加白醋、盐、胡椒粉和1小撮糖淡化其味道。然后放到广口瓶里放入冰箱保存即可。或者也可以在高级香料铺买现成的。

注意

舌头是蔬菜杂烩肉的制作材料之一，但是一定要分开做。因为煮过舌头的原汤是不能用的。人们习惯将其与辣根菜汁一起食用。这一传统来自于奥地利人，威尼斯人从19世纪也开始接受了这种做法。犹太人常常吃一种用牛舌做成的叫萨拉米斯特拉达（salmistrata）的食物，是用青草、香料和盐腌制的牛舌制成的。其做法非常复杂，人们一般在熟食店或者肉食店买成品。

Z
Z

汤汁肚丝

这道由动物肠子制作的菜是威内托的特色菜。为了节约时间，我建议买熟肠。在法国，可以买到的一般都是灌装的，里面填满了动物胶质。像这种的话，最多30分钟就可以用了。生肠的话一般要在卖下水的店里面买（威内托的超市也有）。这些肠子已经洗过并且汆过了。买回来还需要加工4—6小时。质量好的肠子一般颜色很深。

份量：6人份　准备：15分钟　烹饪：30分钟

1.5千克灌装的熟肠（最好是小牛肠），或者900克生肠
2汤匙橄榄油
1颗洋葱
1根胡萝卜
1根西芹
1瓣蒜，去芽
1把配菜（迷迭香枝、月桂枝、香芹杆）
50克猪脂或者意大利烟肉
100克帕尔马奶酪片
1杯肉汁
1盒300克的西红柿，去皮
肉豆蔻
盐、胡椒粉

熟肠的话，将其用凉水冲洗后再用沸水煮5分钟；生肠的话，至少要在盐水里煮4小时。

之后步骤如下。洋葱、胡萝卜、西芹切碎。锅中放油，将菜和猪膘放入，用橄榄油煸一煸。蒜切成两半，牛肚切成5厘米左右的长条，之后将它们与配菜一起放入锅中。搅拌2分钟，放盐。倒入去皮西红柿和高汤。文火加盖炖30分钟，不时搅拌。将肉豆蔻擦碎撒在上面（1小撮即可）。放盐和胡椒粉，最后放干酪片。搅拌后就可以与嫩嫩的玉米糕或者烤面包一起享用了。

其他做法

可以不单用西红柿，而是用西红柿与牛肉汤一起制作的调味汤。

威尼斯潟湖中的小岛：马佐尔博岛和布拉诺岛

选一个大晴天，从新运河堤岸乘坐威尼斯水上巴士前往**布拉诺岛**（Burano）。这个小岛以其色彩明亮的房屋著称，即使在雾天渔民也看得到这些房屋。半个小时奇妙而平静的水上旅程后，首先在**马佐尔博岛**（Tenuta Venissa）登陆，之后就可以去一桥之隔的布拉诺岛了。马佐尔博岛的人们主要以种植蔬菜、果树（比如葡萄）以及渔业为生。当我们经过**特图纳威尼萨**（Tenuta Venissa）对公众开放的菜园时，可以很好地体味当地农业文化的历史感。我们可以欣赏到20000平方米多罗娜的葡萄园，周围的围墙建于18世纪。也可以品尝一下比索家族所酿制的威尼萨葡萄酒，酒香浓郁但产量很低。当地名为**奥斯特洛**（L'Ostello）的高级餐厅能够将这种传统农业农产品的魅力提升到另一个档次。这家餐厅也提供中等价位的住宿和潟湖独特的叫早服务。

午餐和晚餐可以选择当地传统的平价小饭店。穿过特图纳威尼萨菜园，再过一座桥就到布拉诺岛了。这座小岛以其传统的针织蕾丝而闻名于世。你可以去**阿尔加多内罗**（Al Gatto Nero）餐厅品尝一下当地的菜肴。自1965年以来，大厨吕格瑞罗就用当地的农产品制作出很多传统菜肴以供人们食用。比如地哥鱼烩饭或者用当地特色海产品所做的海鲜面。海峡旁边60年代风格的天台给人一种心旷神怡的感觉。在主庭院上，我们可以发现另外一个有名的地方——**达罗马诺**（Da Romano）。全世界都听说过它。我们可以在那里点一条鱼吃。邓代尔博物馆和圣马力诺教堂（以倾斜的钟楼闻名）也都是值得参观的地方。

玉米糕

玉米糕到底是什么？

玉米糕是用玉米粉做的。在意大利北部地区特别受欢迎。玉米粉可粗可细，一般用黄色的，但是也有一些地区会用精致的白玉米粉，比如威内托和弗柳利。它的制作时间较长，需要40分钟—1小时45分钟，知道充分溶解为止。如果没时间，也可以在卖玉米粉的店里买成品，这样只需要加热5分钟即可食用。但我还是建议用传统做法做一下，这样的玉米糕更具色香味。

历史

用玉米做粥来源于美国。从16世纪起人们就开始在威内托种植玉米了。很长时间以来，这种作物不仅给威内托的人和牲畜提供了食物，而且干燥的枝叶还可以当柴烧或者垫床。当然，玉米糕还有一个优点，就是它的制作要比面包简单。这道菜看似朴实但却很受欢迎，其中一个重要的原因就在于它本身不含面筋蛋白，所以不会引发麸质过敏。

玉米糕一般和什么食物搭配食用？怎样制作？

烤玉米糕：它一般与奶油鳕鱼（做法见12页）、香肠（做法见40页）、肉或鱼一起做开胃菜。将做好的玉米糕切成1厘米厚的片，然后放到平底锅或者烤架（铺硫酸纸）上。

若用平底锅，则制作方法如下：将玉米糕片用黄油或者橄榄油煎至金黄。

炸玉米糕的做法：将玉米糕切成条状，在油里炸一下，比炸薯条还香。

松软玉米糕：人们一般将其与烤虾（做法见84页）、墨鱼（做法150页）、维琴察酱鳕鱼（做法见148页）、奶酪（比如戈尔根朱勒干酪）、平底锅煎香菇（做法见196页）一起食用。人们也会用它来制作甜点，比如扎莱缇玉米饼干（做法见240页）和焙干水果玉米饼（做法见236页）。

我们应该用什么容器来装玉米糕？

一种铜质、圆底的叫拍欧罗（paiolo）的锅是玉米糕专用锅，为了方便，也可以用电饭锅。当然，一把大的木质锅铲和一块木板也是必不可少的（煮好的玉米糕要倒到木板上）。或者可以用盘子或者模子给玉米糕定型。在我的家乡，人们一般将玉米糕倒到木板上，然后用食品专用线将其割成块。

Valori nutrizionali per 100g
Calorie kcal 337
Proteine g 8,5
Carboidrati g 72,8
Grassi g 1,3
500g

香菇玉米糕

这是当地秋季的经典菜式，一般和蔬菜或者猪肉、奶酪一起食用。在威内托，有一种极美味的蘑菇：基奥迪尼（chiodini）。

份量：8人份　准备：20分钟　烹饪：1小时

500克粗玉米粉
1千克菌类（牛肝菌、鸡油菌、喇叭菌等）
1瓣蒜，去芽切成两半
3汤匙橄榄油
1枝迷迭香
20克粗盐
盐、胡椒粉

先要制作玉米糕。500克玉米粉需要准备4倍的水（大约2升）。将水煮开，加盐。将玉米粉快速撒入水中，边撒边拿大木勺子搅拌以防结块（小心别被溅出来的水烫着）。如果想要做出来的玉米糕稀一些，刚开始的时候就要多加一些开水。然后文火煮（加盖），一直到玉米粉从锅边缘散开为止，大约需要1小时，期间需要不断搅拌。当然，如果是买的是成品，加热5分钟即可。

将蘑菇洗净，在水里过2遍，立马捞出并擦干。将大的切成2片或者3片。将其中的牛肝菌切片。锅中放2匙油，放入蒜瓣和1枝迷迭香，加热。把鸡油菌和喇叭菌放到锅中，大火煎至出水，期间不要翻动。加盐和胡椒粉，出锅。之后用一点橄榄油将牛肝菌煎至金黄，并将其他菌类都倒入锅中，文火炒5分钟左右。尝一下调料后就可以摆到热的玉米糕上食用了。

注意

做玉米糕的时候，最后会形成薄皮。这个时候只需将锅放到水里它就自动化开了。

其他做法

在制作玉米糕的时候也可以用一半水一半奶，或者在最后的时候加入马斯卡彭奶酪或帕尔马干酪或黄油，这样做出来的玉米糕会更美味。

红肠玉米糕

这道菜是经典的秋季美食。红肠要选择手工制作的，比如特雷维索的隆加内格香肠。

份量：6人份　准备：10分钟　烹饪：20分钟—1小时

500克粗玉米粉
2升水
20克粗盐
6条手工红肠
1小杯干白或者水
盐

按照第194页的做法制作玉米糕。待晾凉后，将其切成1厘米左右厚的片，摆在食品用纸上，然后放入180℃—200℃的烤箱烤制20分钟左右，烤的时候注意两面都要烤。在此期间，开始做红肠。平底锅加水或者干白，文火将其煎至两面金黄，然后撒一点点盐。接着急火煎炒，关火。即可与玉米糕一起食用。

朝鲜蓟

圣爱拉斯谟（Sant'Erasmo）的紫朝鲜蓟

圣爱拉斯谟（Sant'Erasmo）是一个小岛，自16世纪以来就被称为威尼斯的菜园。由于它被海湖环绕，因此那里的蔬菜天生就有一股咸味，朝鲜蓟尤其入味。从开始采收，朝鲜蓟就有收成了。刚开始是一种嫩嫩的、圆润的幼芽，在未成熟时就需要初摘。之后1株朝鲜蓟就可以长成4株，20天左右后，又会增加18—20株。以前，嫩朝鲜蓟是专属于总督的食物。

意大利变种

作为朝鲜蓟的原产地，意大利的每个地区都有其独特的朝鲜蓟品种。秋季的产量能占到80%。意大利朝鲜蓟分布最广泛的有：

- 卡塔尼亚的西西里朝鲜蓟，其形状呈圆柱形，收成主要在秋冬季；
- 撒丁岛的带刺朝鲜蓟，收成主要在10月—次年3月；
- 利古里亚地区的带刺朝鲜蓟，收成主要在10月—次年4月；
- 圣费尔迪南多普利亚大区的紫色朝鲜蓟，收成主要在10月—次年1月；
- 托斯卡纳区的紫色朝鲜蓟，植株很小，收成主要在春天；
- 罗马朝鲜蓟，也叫马姆莫拉（mammola）朝鲜蓟，植株很大，收成主要在春天。这种朝鲜蓟一般用于犹太式做法或者用菜心做开胃小吃。

如何品鉴？

如果春天去威尼斯的话，可以趁着这个机会品尝一下当地不同品种的朝鲜蓟以及由它们制作的各种食物，生的、炸的、油焖的、炖的，等等。如果在家做的时候买不到威尼斯品种，买普罗旺斯的紫色朝鲜蓟也不错。

如何制作？

将朝鲜蓟顶部的叶尖切掉2厘米，将绿色的硬叶摘掉，一点点放入盛水（1颗柠檬榨汁加入水中）的沙拉盆里，以防变黑。然后切碎。朝鲜蓟的茎也可以吃，只需去皮与朝鲜蓟一起制作即可。

TTO DI SANT'ERASMO
LIO PICCOLO - VIGNOLE

朝鲜蓟沙拉

制作这道沙拉需要选用非常新鲜的朝鲜蓟。其独特、清爽的味道，会一下子抓住你的味蕾。

份量：6人份　准备：15分钟

处理好12枝洋蓟或者6枝紫色朝鲜蓟（做法见200页）。在加佐料之前，将朝鲜蓟切成薄片，加6汤匙橄榄油、1颗柠檬榨出的汁、盐、胡椒粉、1汤匙香芹碎，搅拌均匀即可与帕尔马奶酪屑一起食用。

油炸朝鲜蓟

这是一道极美味的、令人难忘的开胃菜。这种小的油炸朝鲜蓟基本上只在高级餐里卖。以下就是其制作方法。

份量：6人份　准备：30分钟　烹饪：10分钟

处理好12枝小紫色朝鲜蓟。然后切成4块。锅中加1升油，加热至180℃。制作面糊时在沙拉盘里放100克面粉和200毫升冰碳酸水，搅拌均匀即可。切好的朝鲜蓟挂糊后油炸至金黄松脆。然后在吸纸上沥干，加盐即可食用。

油焖朝鲜蓟

准备意大利式煨饭（用奶油、番红花香料粉、干酪末等调味料制作的米饭）作为配菜。

份量：6人份　准备：15分钟　烹饪：10分钟

处理好12枝小紫色朝鲜蓟。然后切成8块。平底锅加3汤匙橄榄油、1瓣蒜（最后需要取出）。大火翻炒朝鲜蓟，2分钟后倒入50毫升高汤或者水，放盐后将火调成中火，油焖5分钟。起锅，撒上香芹即可。此种做法朝鲜蓟应该非常松脆可口。

平底锅
煎朝鲜蓟底部

人们通常可以买到已经处理好的朝鲜蓟底部。在卖菜的人那里，我们一眼就可以看到浸在柠檬水里的朝鲜蓟底部。在威尼斯，几乎一年四季人们都爱吃这个。普通的饭店里一般都会卖这道开胃菜。

份量：6人份　准备：10分钟　烹饪：20分钟

平底锅中加3汤匙橄榄油，1瓣蒜（去芽），1把香芹杆，加热后放入6个朝鲜蓟底。2分钟后加2厘米深的水或者50毫升干白，放盐后加盖。文火焖至其变软（大约20分钟）。加入切碎的香芹叶后去盖，让剩下的水分蒸发掉即可。

AZIENDA
AGRICOLA
CARMINE MAIO

平底锅炒豌豆

在希腊、罗马时代就已出名的豌豆，14世纪才出现在意大利的食谱中。路易十六以及他的朝臣酷爱豌豆、朝鲜蓟和茄子。这些蔬菜的流行正是来源于意大利。

豌豆在威内托的美食中占据着很重要的位置，它们甚至被公认为“菜中之王”。在威尼斯旁边的斯科尔泽，每年3月末到6月初都有“豌豆节”。

人们一般喜欢小豌豆。新鲜的小豌豆可以生吃。连壳1000克的豌豆净重约为500克。不要将剥下来的豆荚扔掉，用水煮一下，最后可以压成泥放到意大利式煨饭里。

平底锅炒豌豆

4—6人餐，500克去皮的豌豆煮1分钟。平底锅热2汤匙橄榄油，放1个切碎的洋葱，70克意大利烟肉或者切碎的生火腿，翻炒4分钟，然后放入豌豆，搅拌。2分钟后倒入50毫升高汤或者水，1汤匙香芹碎，文火慢炖（大约10分钟）。放盐后即可与调味饭一起食用。

晚熟特雷维索菊苣

这种蔬菜生的时候很爽脆，味道带一点淡淡的但又很宜人的苦味，这正是它为广大美食家们喜爱的原因。不管是生吃、熟吃、烤着吃，还是煎着吃，都别有一番风味。其圆润的长叶很脆，尖端是红色的，而靠近菜心的部分发白。菊苣是一种娇贵的蔬菜。它对生长的土壤、培植的技术都有要求。每年8月种下，12月收获，需要经过催熟栽培。正是这一过程淡化了它的苦味并且使它更加脆嫩。最后，原来的叶子都会被摘掉，只保留菜心。

怎么烹饪？

将菊苣切成2—3厘米的块。平底锅热少许橄榄油，翻炒小洋葱头3分钟左右，加入菊苣块儿，中火炒2分钟后加入几勺红酒，再继续炒5分钟。放盐和胡椒粒即可。

备好烤箱，菊苣上涂油、盐、胡椒粉后摆到烤架上，将烤箱调制烧烤模式或者温度调至200℃，烤10分钟左右。中间需要翻烤。

怎样品尝？

把多余的根部切掉，只保留1厘米，将菊苣切成4—6块，然后洗净。6人份大概需要1000克晚熟特雷维索菊苣。卡洛拍照页面最下手写蓝字。

它的做法很多，可以做成沙拉生吃，油炸后可放到烩饭、意面、千层面里做配菜，切碎后可以当作饺子馅，亦可作为烤肉的配菜。

菊苣四季豆沙拉

拉蒙四季豆或者波罗地豆（人们也会用它来做豆沙）与菊苣的结合会将沙拉的脆爽发挥到极致。只需要加少许橄榄油（加尔达橄榄油）、刚刚磨出的胡椒粉以及少许红酒醋，就可以制作出令人欲罢不能的沙拉。

份量：6人份　**准备**：15分钟　**烹饪**：2小时　**浸泡**：8小时

600克菊苣
300克干的拉蒙四季豆、波罗地豆，或者未去壳的新鲜四季豆
1颗洋葱
1片月桂叶
1小撮小苏打或者海带
3汤匙橄榄油
1咖啡匙红酒醋或者香脂醋
盐、胡椒粉

提前一天晚上将干四季豆泡水。第二天早上将水倒掉并将四季豆倒到平底锅里，重新加凉水，放入月桂叶和去皮的整个洋葱，1小撮小苏打或者海带。小火慢炖2小时左右，直到四季豆变软后再放盐。然后将洗净的菊苣放入四季豆中搅匀，加橄榄油、盐、醋、胡椒粉即可。

其他做法

也可以将一部分四季豆用搅拌机制作成豆沙，然后加一些煮过豆子的水将豆沙稀释。之后倒在盘子里即可。

放一点佩韦拉达酱做调味汁（做法见174页）。

沙拉

在威尼斯的市场上，我们可以找到很多种做沙拉的蔬菜，比如：嫩生菜、芝麻菜、野苣等。多选几种，这样就可以有不同的口味和口感。天气冷的时候，一定要选择卡斯特勒弗朗克（Castelfranco）的玫瑰和菊苣。在意大利，我们一般现吃的时候才会制作酸醋沙司（盐、醋或者柠檬汁、橄榄油）来为沙拉调味（越新鲜越好）。

野菜及烹饪方法

在意大利，人们很喜欢吃野菜。野菜洗净后，锅中加少许橄榄油、1瓣蒜、盐和少许水，文火炖。它们一般是做意大利菠菜烘蛋、意大利烩饭或者干酪肉末番茄沙司宽面条的配菜。橄榄油和蒜油焖之前，人们习惯先拿水将蒲公英和红罂粟嫩芽氽一下。

我们还能在威尼斯找到其他的野菜还有不丹蝇子草、野生啤酒花嫩芽、蒲公英和红罂粟嫩芽等。

春天，我们可以吃到猪毛菜。其茎细而绿，像更圆润的小葱，味道酸脆，又有点像菠菜。做法简单，水煮或者蒸8分钟即可。一般晾凉后，放上橄榄油、盐、胡椒粉、柠檬汁，作头道菜或者配菜。

煮野菜

这道菜由多种熟野菜组成，一般作为肉或者鱼的配菜。其中包括菠菜、水果酱、菊苣以及一些当地的野菜，如蒲公英和红罂粟嫩芽。先氽水，然后用橄榄油、盐、胡椒粉、蒜等作调料油焖（当然只用橄榄油和柠檬汁也可以）。这道菜也可以用来做饺子馅料。

炖卷心菜

冬天的时候，这道菜一般作为高脂食物（比如珍珠鸡肉）的配菜。传统做法是卷心菜加1杯高汤，加盖慢炖2小时。直到汤汁减少¼并且颜色成为古铜色。故它的名字也叫炖白菜（因为制作时间很长）。当然，最后还需要收汁。

摘掉卷心菜外面的硬叶子，切块儿。锅中放橄榄油、洋葱、蒜（去芽，最后要取出）、迷迭香、1片猪脂，以及切碎的意大利烟肉，翻炒5分钟后放入卷心菜，盐、胡椒粉，菜刚刚变嫩时起锅。继续中火收汁。

烤南瓜

威尼斯旁边基奥贾的南瓜因其瓜肉可口而闻名。表皮粗糙是其一大特点。它是意大利式煨饭或者饺子的完美配菜。我们也可以将其切块，配上迷迭香、盐、少许橄榄油在200℃的烤箱里烤至松软（大概需要40分钟）。或者将瓜籽洗净，撒盐，然后用烤箱烤制。

南瓜布丁

祖卡餐厅的南瓜布丁绝不会让你失望。威内托的南瓜特别美味，我总是在后备箱里准备一个。如果买不到的话，也可以用小南瓜或长南瓜代替。

份量：6人份　准备：30分钟　烹饪：1小时30分钟

1千克南瓜，去皮切成小块
250克马斯卡彭奶酪
4个鸡蛋
80克黄油
100克土豆粉
1咖啡匙肉豆蔻
1咖啡匙桂皮粉
面包糠
十几片鼠尾草叶
80克意大利乳清熏干酪、羊乳干酪或帕尔马奶酪
1把南瓜籽，烤干
盐、胡椒粉

500克黄油加剪碎的鼠尾草叶，加热融化，起锅，让鼠尾草叶在黄油中充分浸润。平底锅中加20克黄油、盐和胡椒粉后放入南瓜，加盖炖至软嫩。搅拌。加入土豆粉、马斯卡彭奶酪和香料。磕进去鸡蛋。烤箱加热至180℃。在布丁模子里涂上黄油，撒上面包糠，然后把刚刚制作好的食料倒入其中，用隔水炖锅在烤箱里加工1小时10分钟。从模子里往出取之前要先让它晾15分钟，并倒上一点带有鼠尾草香的融化好的黄油（如果凝固了的话就再加热一下）。把意大利乳清熏干酪或者羊乳干酪擦碎撒到上面，最后撒上南瓜籽即可。

LA ZUCCA

基奥贾甜菜

基奥贾甜菜色泽鲜红，形状圆润，是威内托园艺家们培育出来的。可以熟吃也可以拌沙拉。我更喜欢熟甜菜，更有劲道。

份量：6人份　准备：15分钟　烹饪：30分钟

6个中等大小的基奥贾甜菜
橄榄油
高品质的陈酒醋
1小撮香芹碎
盐、胡椒粉

甜菜洗净。锅中放水，加盐，然后放入甜菜，加热20—30分钟（当然，也可以蒸）。期间要随时切一下看熟了没。变软后，沥干，放凉，去皮，切成薄片，加橄榄油、少许醋、盐、胡椒粉、香芹碎即可。

奶汁茴香

茴香在威内托很受欢迎。可以拌到沙拉里生吃，也可以与帕尔马奶酪一起烘烤，还可以用牛奶煮。而最后这种异于寻常的做法确实很美味。

份量：6人份　准备：20分钟　烹饪：25分钟

6个茴香的鳞茎
20克黄油
300毫升奶
3汤匙橄榄油
盐、胡椒粉

茴香洗净，去掉损坏部分。平底锅加冷水，放入茴香。水开后加盐，再煮3分钟。晾凉后将其切成6块。接着用平底锅热黄油和橄榄油，放入茴香块，翻炒。倒入奶、盐、胡椒粉。之后再炖15分钟，直到汤汁变浓稠即可。

其他做法

茴香水煮或者水蒸，切成6块，拌少许橄榄油。烤盘涂油，放入茴香，撒上帕尔马奶酪和黄油屑，用烤箱烤至金黄。

注意

若茴香鳞茎为圆形，一般为雄性，生吃好；若是长的，一般为雌性，熟吃好。文艺复兴时期，贵族在用餐结束时会生吃茴香以加强消化。

脆皮刺菜蓟

秋季末的时候，人们喜欢吃刺菜蓟。其温和而可口的味道跟朝鲜蓟很像。我们要选择色泽白嫩而饱满的，因为绿色的会发苦且质感太硬。去皮（最好用手套，以防把手弄黑）。煮熟后，将其烤脆或者煎脆。

份量：6人份　准备：40分钟
烹饪：1小时15分钟—1小时45分钟

1.5千克刺菜蓟
满满1汤匙白面
2颗柠檬
70克帕尔马奶酪
黄油（用来涂在烤盘上）

奶油调味汁
500毫升新鲜的全脂牛奶
40克黄油
40克面粉
肉豆蔻
盐

先要制作奶油调味汁。融化黄油，边倒面粉边颠锅。上色后，将冷奶倒入，边倒边颠锅，以防结块。炖10分钟，加盐和刚刚擦碎的肉豆蔻。等待奶油调味汁晾凉的过程中，要不时搅拌。

去掉刺菜蓟外面坏掉的以及硬的部分。将菜心一片片择开。把菜叶中的纤维去掉。之后再一片片放到柠檬水里（½颗柠檬榨汁即可），以防变黑。之后根据盘子大小切开。大锅加水，放入刺菜蓟、面粉和用1颗柠檬榨的汁，水开后加盐，继续煮至其变软（需45分钟或更长时间）。烤箱加热至200℃，沥干刺菜蓟，放到抹了黄油的烤盘上，撒上奶油调味汁和帕尔马奶酪，烘烤20分钟左右即可。

其他做法

刺菜蓟煮软后，浇上50克融化的黄油，撒上肉豆蔻屑和50克帕尔马奶酪屑。然后在190℃的烤箱里烘烤15分钟左右。

将刺菜蓟切成5厘米大小的块。锅中加30克黄油，2汤匙橄榄油，1颗切碎的洋葱，然后放入刺菜蓟块儿，翻炒10分钟。倒1杯奶，收汁。最后加1咖啡匙香芹碎和20克帕尔马奶酪屑。

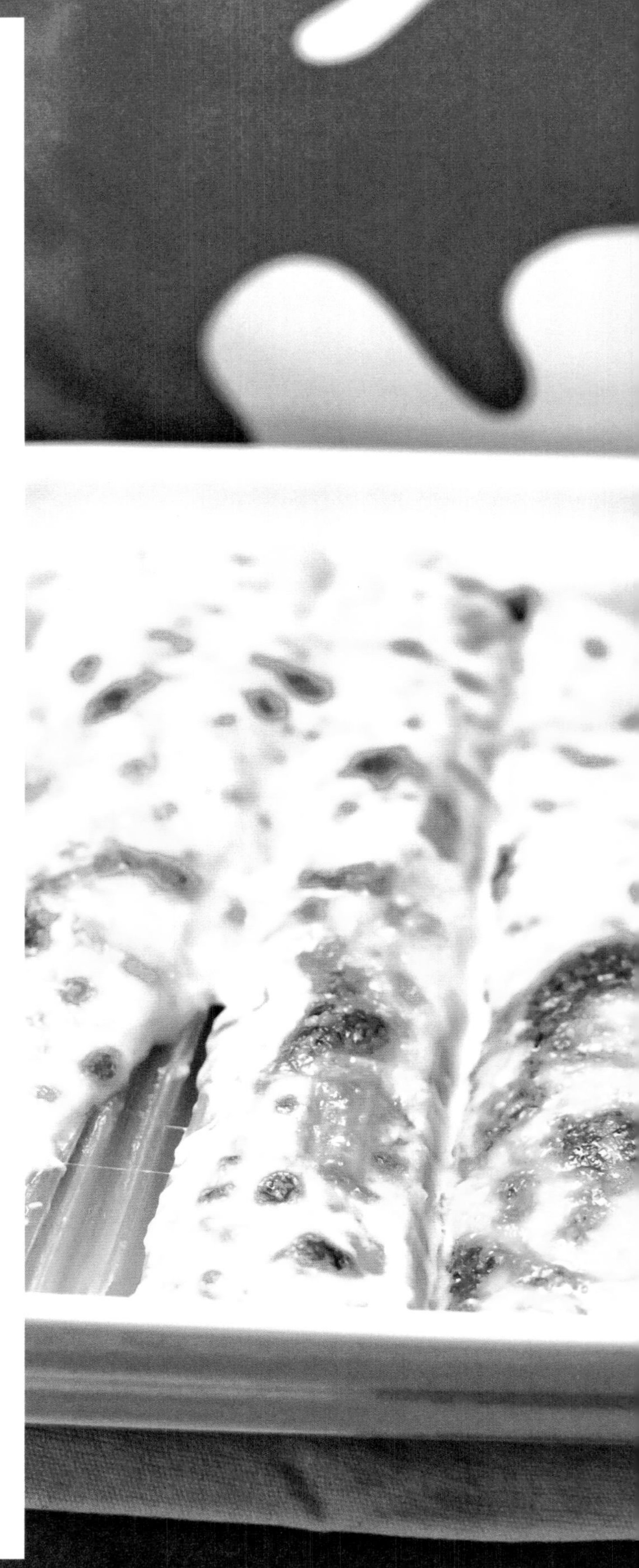

小西葫芦

在威内托甚至整个意大利，人们都喜欢吃小西葫芦（长10厘米，直径2厘米），西葫芦这么小的时候口感最好而且没有籽。人们一般会擦丝拌到沙拉里生吃。或者将小西葫芦切成块，用橄榄油爆蒜翻炒3分钟，这样做出来非常脆。

带馅西葫芦花

春天，人们很喜欢这道菜（可炸可烤）。尤以圣爱拉斯谟出产的最为美味。

份量：6人份　准备：20分钟　烹饪：20分钟

18朵西葫芦花
8个小西葫芦或者3个中等大小的西葫芦
250克意大利乳清干酪
100克帕尔马奶酪屑
2枝墨角兰或者百里香
1汤匙细面包糠
4汤匙橄榄油
肉豆蔻
盐、胡椒粉

将花放到吸纸上，千万别洗，否则会破坏花型。轻轻打开摘掉花蕊。

小西葫芦洗净，切成极小的块儿。2汤匙橄榄油炒墨角兰，然后放小西葫芦翻炒3分钟，加盐和胡椒粉。再放意大利乳清干酪和帕尔马奶酪屑，撒上肉豆蔻屑、盐、胡椒粉，搅拌均匀。烤箱加热至170℃。用2个小匙将做好的馅料填到花儿里，裹住。将包好的花摆到铺有硫酸纸的烤盘上，撒上面包糠，倒少许橄榄油，烤制10—12分钟。

其他做法

这种做法需要挂糊。100克细面粉，1杯冰碳酸水，搅拌即成面糊。热1升油（180℃）。将西葫芦花挂糊后油炸，放到吸纸上，趁热食用。

炒茄子

早在15—16世纪，茄子就已作为一种蔬菜出现在威内托地区潟湖上的菜园子里。威尼斯的犹太人因为教规而不能吃其他蔬菜，所以，茄子成了犹太人的主要蔬菜之一。在15世纪之前，茄子被认为是不祥之物。茄子的意大利语来自拉丁语“邪恶本身（Malam insanum）。”

份量：6人份　准备：10分钟　烹饪：30分钟

1.2千克长茄子
1瓣蒜，去芽
½把香芹
橄榄油
盐、胡椒粉

茄子洗净擦干，切成4长条，再切成小块。橄榄油爆蒜，放入香芹和茄块。无盖翻炒30分钟，期间要不断轻轻搅拌。取出蒜后即可作为肉类的配菜使用。

注意

这道菜又被叫做“小香菇”。因为炒熟后的茄子与香菇很像。

炖菜椒

在菜椒上市的季节里，人们需要准备油和马槟榔炒辣椒。他们会将菜椒与洋葱、番茄酱、罗勒，有时候还有茄子一起炖。吃肉或者饭的时候，它是一道非常美味的配菜。我们也可以像祖卡餐厅的做法一样，简单地就着面包吃。

份量：6人份　准备：15分钟　烹饪：40分钟

2个红菜椒
2个黄菜椒
1个小茄子
3颗红洋葱
4个熟西红柿或者1盒西红柿酱
1把罗勒
3汤匙橄榄油
盐

蔬菜洗净，西红柿去籽，去皮（或者直接用番茄酱也可以）。茄子切成大块，洋葱切成小丁，菜椒切成大片，去籽。大锅热油，依次放入洋葱、菜椒、茄子、几片罗勒叶和西红柿。文火慢炖直至沸腾，加盐，搅拌。继续炖，期间随时颠锅（40分钟左右）。之后将剩下的罗勒用手撕碎，和少许橄榄油一起加入即可。

其他做法

将6个菜椒切成1厘米宽的长条状，在加了少量醋的水里煮5分钟。捞出菜椒。将3根西芹、2根胡萝卜切成同样大小，放到菜椒水里煮5分钟。西芹和胡萝卜丁碾碎，½瓣蒜压碎，2条沙丁鱼或者鳀鱼切小片和几汤匙橄榄油混到一起加盐搅拌，配之以菜椒食用。

白芦笋

威内托盛产芦笋，有很多著名的品种，比如巴萨诺·德尔格拉帕、帕多瓦等地的白芦笋。人们一般用带蒸笼的蒸锅（每一个美食家都有这样一口锅）来制作。蒸熟之后，一般要配以半熟的鸡蛋（鸡蛋里面呈半凝固状态，用叉子碾碎）。只需要撒上一点优质橄榄油和葡萄酒醋即可成为一道美食。

鸡蛋芦笋

份量：6人份　准备：15分钟　烹饪：35分钟

1.5千克白芦笋
6个鸡蛋
橄榄油（最好是加尔达湖橄榄油）
高品质的葡萄酒醋
盐、胡椒粉

芦笋去皮，拿刀从上往下刮皮，注意不要刮掉笋尖。将芦笋捆成一把一把放到装有冷水的锅中，水开后加盐。加盖小火煮15—25分钟（根据笋的大小决定时间）后捞出芦笋（水留着煮鸡蛋），放到盘子里。用干净的厨布盖上保温。水刚开就将鸡蛋放入，煮7分钟后捞出。蛋黄应该保持松软。凉水里泡一会儿后剥皮。用叉子碾碎，加一点盐、胡椒粉、橄榄油和少量醋。搅拌后即可与笋尖一起食用。

其他做法

煮芦笋的时候水中加黄油，煮好后放到盘子里。帕尔马奶酪屑和面包糠混合后撒到芦笋上，烤至金黄。将芦笋纵向切成2份，再纵向切成3毫米的薄片。煎炒1分钟，加盐和胡椒粉即可。

ASPARAG
DI PAD

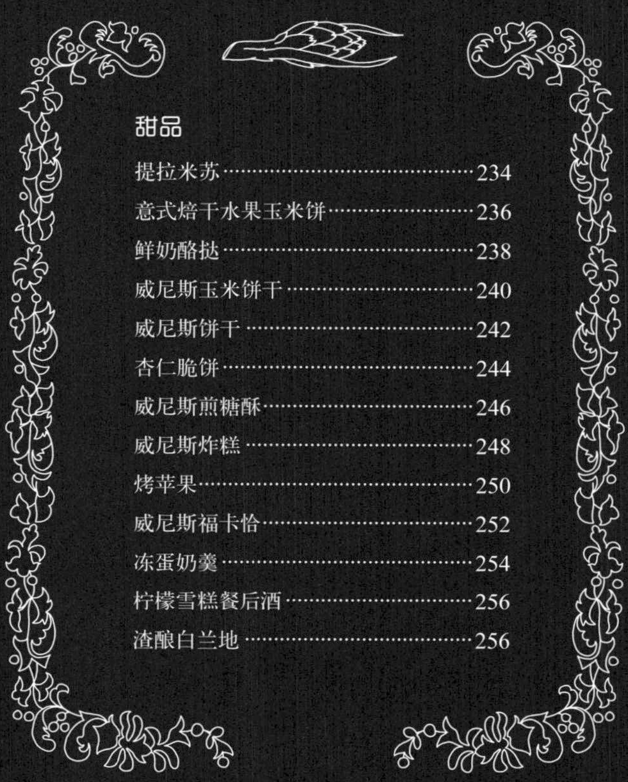

甜品

甜品

威尼斯美食

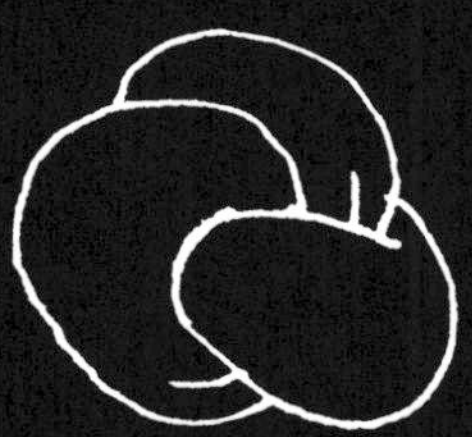

提拉米苏

尽管历史称不上悠久，但提拉米苏已经是一道风靡世界的甜点了。现今我们品尝到的提拉米苏是由位于威内托大区特雷维索贝淑丽餐厅的糕点师在19世纪60年代发明的。提拉米苏意大利语本意为“振作起来”。它可以在许多方面给我们以提升，比如配方中的可可粉可以振奋精神、丰富的卡路里可以促进增重，配料中的咖啡还可以给我们大脑增加能量达到醒脑效果。

份量：8—10人份　准备：30分钟　放置：至少4小时

500克马斯卡彭奶酪
5个鸡蛋，蛋清蛋黄分离
150克砂糖
400毫升咖啡
400克手指饼干
2汤匙不含糖的可可粉
1撮盐或½颗柠檬

咖啡准备好待用。用电动搅拌机将120克砂糖和蛋黄搅拌均匀至产生细腻泡沫。将蛋清加入1撮盐或几滴柠檬汁打发至白色。1分钟后加入剩余的30克砂糖。用搅拌机将冷的马斯卡彭奶酪和蛋黄液混合均匀。然后轻柔地将蛋白液由高到低倒入蛋黄混合液中。将手指饼干两侧蘸入咖啡中几秒，确保会不太干也没有浸泡过度。将浸湿的手指饼干在盘子或平底敞口酒杯底部铺一层，然后倒一层之前做好的混合液。重复以上操作后将制成的蛋糕坯放入冰箱冷藏至少4小时（最好可以冷藏整夜）。食用前用漏勺轻轻洒上可可粉。

其他做法

可以在咖啡中加入1小杯酒，比如马尔萨拉（marsala）干红葡萄酒、杏仁酒、朗姆酒或威士忌。

注意

一份好的提拉米苏应用新鲜高品质的原料制成，比如醇香浓厚的咖啡、有机的新鲜鸡蛋、酥脆的意大利手指饼干，尤其是地道的马斯卡彭奶酪！在意大利北部，除了夏天之外，人们都是用鲜马斯卡彭奶酪来制作餐点。但鲜马斯卡彭奶酪不耐运输。在其他地方，用工业制造的马斯卡彭奶酪也是可以的。为了使提拉米苏风味独特，我通常会加一些马尔萨拉干红葡萄酒。

意式焙干水果玉米饼

这道口感丰富的甜点是来自于农村地区庆祝主显节的传统糕点，以玉米面和干果为基础。在我小的时候，农民们在一月五日用田地里烧火的余烬来烘烤这道甜点，在那一天晚上，人们烧掉旧一年贝法娜（befana）巫婆的肖像，一起祈祷新的一年能够幸福快乐。这是受我塔莉姨妈启发为大家创作的食谱。

份量：1个烤盘　准备：30分钟　烹饪：1小时左右

1000克精制有机小麦粉
500克玉米粉
1升全脂牛奶
300克砂糖
300克葡萄干
200克无花果干
100克松子
50克茴香籽
2小袋酵母粉
1咖啡匙苏打粉
100克软黄油
1杯橄榄油（包括涂烤盘用油）
½杯白兰地或伏特加
1颗柠檬和1个橙子，皮磨碎备用，橙汁备用
100克面包屑
盐

将牛奶煮沸，加入2小撮盐。将玉米粉均匀撒入煮沸的牛奶中，继续沸腾5分钟做成玉米糊。将煮好的玉米糊从火上移开，加入砂糖、在白兰地或伏特加中浸泡20分钟的葡萄干、切块的无花果干、松子、茴香籽、软黄油、橄榄油、橙汁、橙皮碎和柠檬皮碎。将烤箱预热至180℃，混合好的玉米糊静置冷却之后慢慢加入面粉，搅拌，直至得到成型的面团。加入酵母粉和小苏打，用手或搅拌机揉捏面团至混合均匀。给烤盘上涂油并撒面包屑，将面团在烤盘上铺开约4厘米厚。烤制约1小时。蛋糕烤好后应该质地紧实，冷却至室温后即可切块食用。

鲜奶酪挞

这是一种历史可以追溯到中世纪的经典甜品。宗奇亚达是一种美味的鲜奶酪挞，它的名字来源于一种名叫宗卡达的乳清奶酪。

份量：6—8人份　准备：40分钟　烹饪：40分钟—1小时
放置：1小时或者1晚

500克乳清奶酪
2个鸡蛋
100克棕砂糖
40克黄油，融化备用（10克用来涂模具）
50克葡萄干
50克柑橘蜜饯，切成小块
1咖啡汤匙肉桂粉
1颗柠檬，皮磨碎备用
1小杯马尔萨拉干红葡萄酒或朗姆酒

挞皮
250克有机面粉
80克棕砂糖
120克软黄油
2个蛋黄
2小撮肉桂粉
1小撮盐
2—3汤匙马尔萨拉干红或水

准备挞皮。将面粉过筛在案板上，用手指将面粉和切成小块的软黄油搓捏混合形成较大的屑块。用屑块堆一个浅井，倒入蛋黄、棕砂糖、盐、肉桂粉，以及马尔萨拉干红葡萄酒或水。用手将上述食材混合并捏成面团。将面团搓成球然后压成约3厘米厚的面饼，装进保鲜袋或用保鲜膜包裹，再将裹好的面饼放入冰箱至少1小时（可以提前1天准备）。取出面团后再揉制30秒以使面团软化，用擀面杖将面团在案板上擀开成薄面皮。在挞盘中涂上黄油和面粉，将薄面皮紧贴模具内壁放入，用叉子在表面戳出气孔后在阴凉处静置15分钟。

烤箱预热至160℃。将葡萄干浸入马尔萨拉干红葡萄酒或朗姆酒中。用刮刀将乳清奶酪搅拌均匀。把鸡蛋、棕砂糖、融化的黄油、肉桂粉、柠檬皮碎、柑橘蜜饯、泡好的葡萄干和酒混合，倒入装入挞盘的挞皮里。用手指调整挞皮边缘使其低于挞盘边缘，放入烤箱烤约40分钟（用大号挞盘需要烤约1小时）。

威尼斯玉米饼干

这个典型的威尼斯饼干的名字来源于粗玉米面，先是被叫作吉雅莱缇（gialletti），后来被叫作扎莱缇（zaletti）。在18世纪下半叶，这种饼干曾在狂欢节期间由一位名叫卡洛·戈尔多尼（Carlo Goldoni）的街头摊贩销售（在他的一部戏剧中提到过）。如今，这种饼干全年都可以在面包店里找到。

份量：20块　准备：20分钟　烹饪：15分钟—20分钟
放置：1小时15分钟

125克细玉米粉
125克面粉
80克黄油
100克砂糖
50克葡萄干
1个鸡蛋、1个蛋黄
一些香草粉
½咖啡匙酵母粉
1颗柠檬，皮磨碎备用
1小撮盐
50毫升白兰地或伏特加

在白兰地中加入少许水并泡入葡萄干。混合玉米粉和面粉，加入盐和酵母。在大沙拉碗中粗略混合砂糖和切成小块的黄油做成较大的屑块，加入整个鸡蛋和蛋黄后搅拌。搅拌后加入柠檬皮碎和香草粉后再稍作搅拌，加入滤掉水的湿葡萄干。将面团放进冰箱中静置至少1个小时。烤箱预热至170℃，面团卷成直径约3—5厘米的长条，然后每7厘米斜切1刀，切下的部分整理成椭圆形。烤盘上铺好烘培用硫酸纸，然后把切好的面块铺在纸上。重新放回冰箱冷藏15分钟。放入预热好的烤箱中烤制15分钟直到饼干表面呈现浅黄色。饼干刚刚从烤箱拿出时会有点软，冷却后就会变得脆硬。

注意

烤好的饼干可以在金属罐中储存3周，随时都可以拿出来吃！

ZALETO
£. X 100 GRAMMI
€ PREZZO IN EURO 2,60
PER ALIMENTI

威尼斯饼干

布索拉（bussolai）饼干和意塞（esse）饼干的配方其实是一样的，只是两种饼干有着不同的形状。布索拉是皇冠型，意塞是S型。他们都是布拉诺岛的特色甜品，一般在面包店散装称重购买。这种饼干最适合在饭后沾一点甜葡萄酒来吃，比如雷乔托（recioto）葡萄酒。在铁皮罐里，这种饼干可以储存3周之久。

份量：20—30块　准备：20分钟　烹饪：15分钟　放置：1小时15分钟

3个蛋黄
100克砂糖
120克软化黄油
250克面粉
½颗香草荚的种子
1颗柠檬，皮磨碎备用
1小撮盐

用打蛋器将蛋黄和糖打发至产生泡沫。在打发的蛋液中加入软化的黄油、盐、香草籽和柠檬皮碎，最后加入过筛的面粉。将面团稍作揉捏并放入冰箱静置1小时。烤箱预热至160—170℃，面团切成10厘米长、直径1厘米左右的棒状，调整形状呈皇冠状或S型。烤盘上铺烘焙用硫酸纸并把饼干胚放在纸上，然后重新放回冰箱冷藏15分钟。放入预热好的烤箱中烤制15分钟，要注意观察不要烤得太久，防止饼干变色。饼干刚刚从烤箱拿出时会有点软，冷却后就会变得脆硬。

注意

布索拉还有一个变种，看起来像脆的长面包。那些用烤面包的面团制作，面团中用牛奶代替水的饼干叫做比加拉尼（bigarani）或奥西得莫托（ossi da morto）。这个名字来源于它们圆且膨胀的末端，看起来像一块骨头。

杏仁脆饼

这款糕点于1924年在特雷维索附近的卡斯泰尔夫兰科韦内托的齐祖拉（Zizzola）餐厅问世并取得了巨大的成功。这款杏仁脆饼在家也可以轻松做成。弗若高拉（Fregola）在威内托地区意思是“面包屑”。杏仁脆饼由脆饼屑做成，而且因为非常酥脆无法用刀切，所以一般要用手掰成块，搭配咖啡或甜葡萄酒来享用。它令人想起了16世纪风靡曼图亚地区，用小麦粉和玉米粉制作的甜点斯比利索罗娜（sbrisolona）。

份量：6人份　准备：15分钟　烹饪：40分钟　放置：1小时

200克面粉
100克杏仁，粗切去壳
100克砂糖
100克软黄油
2个蛋黄
一些香草粉
1颗柠檬，皮磨碎备用
2小撮盐

将面粉、砂糖、柠檬皮碎、香草粉、软黄油、杏仁碎和蛋黄混合，得到粗粒状榛子大小的小块。用手将这些团块放在6个小挞盘中（或1个直径25厘米的圆形模具内），厚度约1.5厘米，表面略撒一点干粉。阴凉处静置1小时。烤箱预热至160—170℃，将小挞盘放入烤箱烤制30分钟左右（如果是大模具则多烤10分钟）。从烤箱中取出并待其冷却后撒糖粉。最好第二天在室温下食用。

其他做法

如果面团偏稀，可以用煮熟的蛋黄。

注意

食用杏仁脆饼时可以搭配马斯卡彭奶油或干脆用马斯卡彭奶油来制作杏仁脆饼。这时，可以蘸咖啡或水果酱并在脆饼上涂饰奶油。

威尼斯煎糖酥

威尼斯克罗斯多利（crostoli）煎糖酥和威尼斯弗里托勒（fritole）炸糕是威尼斯狂欢节不可或缺的组成部分。在意大利的其他地方，人们把他们叫作桑斯（cenci）。克罗斯多利煎糖酥往往被精心切成菱形小块之后用油煎炸。一个16世纪的作家把它描述为“充满风的煎糖酥”。

份量：6人份　准备：30分钟　烹饪：15分钟

500克面粉
100克糖粉
2个鸡蛋
60克黄油
1小杯白兰地或伏特加
1杯牛奶
1升炸制用油
盐
糖霜

在大沙拉碗中倒入100克糖粉和鸡蛋，打发至均匀的奶油状。在蛋液中加入微温的融化黄油、盐、白兰地和牛奶。慢慢加入面粉，揉捏成柔软的面团（手工揉10分钟，搅拌机约5分钟）。在案板上用擀面杖将面团尽可能薄地擀开。用齿轮滚刀切出菱形面块。在平底锅中加热煎炸油，将切好的面块放进油锅煎，注意不要变色太多。出锅后放在吸油纸上滤干多余的油分，撒上糖霜食用。

威尼斯炸糕

在威尼斯简直无法想象一个没有弗里托勒炸糕的狂欢节！1570年教皇皮乌斯五世的厨师巴托洛米奥·斯嘎皮在他编写的菜谱书中明确提出，弗里托勒是众多威尼斯糕点中的佼佼者，它要用玫瑰水和藏红花来调味。18世纪时，弗里托勒炸糕成了官方认证的威尼斯共和国国家甜点！卡洛·戈尔多尼在他一部著名的戏剧中描述了摊贩在街头制作并贩卖弗里托勒炸糕的场景。

份量：6人份　准备：30分钟　烹饪：30分钟　放置：4小时

500克面粉
30克鲜酵母或1小包干酵母
2个鸡蛋
80克砂糖
1颗柠檬和1个橙子，皮磨碎备用
100克小葡萄干
50克松子
150毫升白兰地或伏特加或朗姆酒
盐
用于撒在表面的糖
2升煎炸用花生油

把葡萄干浸泡在准备好的酒中。酵母溶解在50毫升温水中并加入1咖啡匙的砂糖。取1个大碗，用勺子将面粉、鸡蛋轻柔打匀后加入砂糖、½咖啡匙盐、柠檬皮碎和橙皮碎继续搅拌均匀。之后加入酵母、松子、酒渍好的葡萄干和准备好的酒。用勺子搅拌混合物约10分钟，直到面团颜色发浅、质地柔软。如果面团质地过于稠厚发干，可以加一点水或者牛奶。用笼布将和好的面团盖起来在温暖处静置发酵4小时。发酵好之后再揉几分钟面团，确保面团质地均匀柔软。在大号平底锅中加入油，加热。用2只勺子将面团做成榛子大小的面球后放入热油中炸8分钟左右，每次下锅不要太多，确保每个面球都有能够在油中翻滚的空间。用漏勺将炸制好的面球捞出后放在吸油纸上吸去多余的油分。撒上糖，趁热食用。

注意

用来做弗里托勒炸糕的面团本身是不怎么甜的，甜味主要来自最后一步撒在表面上的糖。

其他做法

在威尼斯，人们也会给弗里托勒炸糕加上奶油或者意式蛋黄酱（简直是不可抗拒的美味，千万不要贪吃哟）。

烤苹果

苹果曾经是在威尼斯可以找到的少数几种水果之一。烤苹果是我童年记忆中相当重要的一部分，在特雷维索卡莱托餐厅举行的家庭聚会总是少不了这道有着美丽焦糖色的烤苹果。

份量：6人份　**准备**：20分钟　**烹饪**：30分钟

6个香蕉苹果
50克糖粉
25克软黄油
1杯甜葡萄酒（雷乔托或玛尔维萨）

烤箱预热至200℃。将软黄油和糖粉混合。苹果洗净后用去芯器去掉苹果核，切下果核首尾两端各1厘米左右备用。将黄油糖粉混合物填入苹果，用切下的果核首尾将混合物封在果心位置。将苹果放在烤盘上，用甜酒将苹果润湿。烤制约20—30分钟。晾凉至室温后即可食用。

其他做法

可以在黄油糖粉混合物中加入饼干碎或葡萄干，最后一步的酒也可以选用樱桃酒、马尔萨拉干红或一般的甜酒。

威尼斯福卡恰

这是一种复活节期间典型的威尼斯甜点，现在全年都可以在威尼斯买到了。福卡恰可以在早晨蘸着加了牛奶的咖啡吃，也可以涂果酱或者干脆什么都不加直接享用。如果不想花好几个小时等面团发酵又想吃手工制作的福卡恰，那去糕点店里买一个也是不错的选择。

份量：1个直径26厘米的福卡恰　准备：30分钟
烹饪：40—50分钟　放置：1小时50分钟

500克面粉
20克鲜酵母或8克干酵母
2份100毫升的牛奶
4个蛋黄
120克常温下的黄油和5克涂模具用的黄油
150克砂糖
4汤匙朗姆酒、樱桃酒或马尔萨拉干红
1颗柠檬，皮磨碎备用
1咖啡匙细盐

表面涂层
1个蛋黄
1汤匙牛奶
50克整颗杏仁，粗切处理

在沙拉碗中将酵母用80—100毫升温牛奶溶解后加入150克面粉，和匀后盖起来静置20分钟。然后加入蛋黄、黄油、砂糖、剩余的牛奶、朗姆酒、柠檬皮碎和盐。用手或带钩子的搅拌器搅拌均匀。用保鲜膜把面团盖好后放在暖气附近（或者放在加热到50℃左右后关掉的电磁炉面板上）静置约1小时。再次用手或搅拌机揉捏面团1分钟。把面团放进1个直径约26厘米的模具中，在放入面团之前，模具需要提前用黄油涂擦，撒一点干粉。用保鲜膜再次盖好面团，让面团在模具中再发酵30分钟。将做表面涂层用蛋黄和1汤勺牛奶混合打发约1分钟。烤箱预热至180℃，在面团上刮出1个十字形，将蛋奶混合物涂在上面。撒上粗切过的杏仁后放入烤箱烤制40—50分钟。用探针扎一下时，如果探针是完全干燥的那就意味着福卡恰烤好啦！

注意

传统的福卡恰食谱中，发酵的过程要漫长很多，3个阶段总计需要9个小时。

冻蛋奶羹

在17世纪的菜谱中，人们就已经发现意式蛋黄酱能让人变得强壮有力。这道甜点的名字据说是来自于开设在克罗地亚边境的威尼斯商行，那里人们会吃一种叫做扎巴让（zabaja）的食物，是一种用富含热量且浓稠的杏仁糖浆做成的“汤”。意式蛋黄酱更多是冷藏后食用，与尚蒂伊鲜奶油混合后搭配白果利饼干食用（baicoli，一种著名的威尼斯小饼干）。

份量：6人份　准备：30分钟　烹饪：10分钟　放置：至少2小时

6个室温下的鸡蛋黄
100克砂糖
150毫升马尔萨拉干红或其他甜酒
2小撮肉桂粉
200毫升冷液态鲜奶油

食用时准备食材（可选）

250克红色水果果酱
3块杏仁饼干
80克在100毫升马尔萨拉干红，或在其他甜酒中浸渍过至少24小时的葡萄干

在不锈钢碗中用电动搅拌机将蛋黄和砂糖打发至出现泡沫后倒入肉桂粉和马尔萨拉干红。冷奶油隔水加热（注意用热水但保持水将沸未沸）打发约10分钟至产生细腻泡沫。将不锈钢碗浸入冰水中使蛋黄酱冷却，其间要时常顺着一个方向搅动。将冷却好的新鲜蛋黄酱和200毫升打发奶油混合。混合物放在冰箱的冷冻室里至少2小时以赋形。可以单独食用或者浇上红色水果果酱食用，也可以撒一些酒渍葡萄干食用。

其他做法

意式蛋黄酱可以做得或热或温，或凉或冻（可加入尚蒂伊奶油或不加，随个人口味而定），也可以搭配饼干，比如白果利、托尼甜面包切片或黄金面包切片。

柠檬雪糕餐后酒

柠檬鸡尾酒是一种威尼斯地区特有的清凉饮料，用一点普罗塞克葡萄酒和白兰地（或者伏特加）将柠檬雪糕微微稀释后即可食用。在用餐时间比较久的丰盛餐宴中，这款鸡尾酒通常被当作开胃酒或是鱼和肉之间的小酌饮品。它被认为可以“解开胃里的纽结”，这也是它名字的来源。

要想成功做出这款柠檬雪糕鸡尾酒，要选择高品质的手工雪糕和酒。将柠檬雪糕放在室温下几分钟使它质地变软易于加工，为每人准备2个雪糕球。雪糕放进沙拉碗中用叉子弄碎然后用勺子搅拌混合。将雪糕和一半的普罗塞克葡萄酒以及一半的白兰地（或伏特加）搅匀，直到质地均匀稠密。当然，放入搅拌机中完成这一步也是可以的。最后，放入高脚杯中就可以上桌食用了。

渣酿白兰地

份量：6小杯　准备：5分钟　放置：3天

在罐子中倒入180克葡萄干和300毫升白兰地，泡制至少3天。

扇贝
蜗牛
朝鲜蓟
枪乌贼
甜椒

附录

美食购买指南

我们能从威尼斯购买或者带点什么东西回来呢？带着一颗好奇的心去里亚托市场的话，你会发现这里简直就是美食的天堂！在通向大运河的两条主路上有鱼店，在旁边你会看到水果和蔬菜店，还有奶酪店、熟食店、肉店和杂货店。你要在行李箱里提前预留一些空间，好放这些物美价廉的东西，因为你一定会看到什么就想买什么！那么，在启程回国之前，先开启一段美食购物之旅吧。

杂货店

- 白玉米（polenta bianca）。白玉米是威尼斯和特雷维索地区一个典型的玉米品种。这个品种古已有之。你可以去比昂科普拉（Biancoperla）问一下，这家店有质量上乘的白玉米，更细腻而且味道比黄玉米更好。白玉米可以和潟湖里的鱼一起搭配做菜吃。（见36页）
- 意大利面。意大利面是一种全麦的粗面条，我们可以把它和洋葱酱、鳀鱼、沙丁鱼做成意面来食用（见92页）。
- 上好的手工面条。
- 威尼斯美食，从米饭到烩饭，都采用维亚洛纳诺大米。
- 牛肉干，意大利藏红花，白松露调料，都是可以使烩饭变得很香的香料。
- 一瓶加尔达湖上等的橄榄油。我推荐的橄榄油特别纯正，是用意大利橄榄压榨冷却之后制成的。加尔达湖周围自成气候的生态系统，使这种橄榄油特别精细，特别纯正，是用来做鱼的完美选择。我还推荐你一种好醋——巴尔萨米醋（vinaigre balsamique），传统的醋经过至少12年陈酿，做菜时只需滴上几滴，饭菜便会增加几分香味。
- 干豆角，威内托山区一个小乡镇拉蒙，这里的豆角产量丰富。外皮细腻，里面鲜嫩，非常适合用来做汤。
- 干豆角，最好用四季豆（见第138 、210页）制作。威内托山区的一个小乡镇拉蒙，这里的豆角产量丰富。外皮细腻，肉质鲜嫩，非常适合用来做汤。

SGAMBARO
BIGOLI NOBILI
SPECIALITÀ VENEZIANA DAL 1400
I GRANAI DI CERIGNOLA
500g ℮

GRANO DURO D'ITALIA
1°
ITALIAN DURUM WHEAT
mori tradizionali
TRAFILATI AL BRONZO
BRONZE DIE

PROMETEO
LE FARRETTE
LINEA INTEGRALE
500 g
Pantagruelica

518 SALUMERIA 518

FAGIOLI di LAMON
DELLA VALLATA BELLUNESE
CONSORZIO PER LA TUTELA DEL FAGIOLO DI LAMON
INDICAZIONE GEOGRAFICA PROTETTA

TartufLanghe
L'Oro in Cucina
Olio Extravergine di Oliva con Tartufo Bianco
100 ml
06.2013 L. 3411

PROD. E CONF. DA:
TartufLanghe
TARTUFO NERO D'ESTATE
Tuber Aestivum
20 g.

奶酪店

说到奶酪，那选择真是太多了！

- 帕尔马奶酪。一定要利用好在意大利的时间，挑选有700年历史的帕尔马奶酪。切碎放进烩饭里，或者放进意面里都非常美味。威尼斯地区还生产格拉娜帕达诺（grana padano）奶酪，是经过24个月发酵的，也是餐桌上常见的一种奶酪。
- 阿雅果DOP（L'asiago DOP frais）干酪以其奶香而受到人们的欢迎。口感又软又细腻，发酵后的奶酪有一股青草香，但是发酵时间太长以后味道会非常刺鼻。
- 蒙特维罗纳DOP（monte veronese DOP ）奶酪是一种有花香和青草香的奶酪。发酵超过12个月以后就会有轻微的刺鼻气味。
- 蒙塔齐欧DOP（Le montasio DOP）奶酪发酵2–24个月。有轻微的草香。鲜奶酪的味道是以奶味为主。发酵以后它的芳香就更加浓郁。蒙塔齐欧是一种做面时常用的奶酪，常和鸡尾酒和威尼斯小吃一起搭配食用。在威内托区，还有其他相似的奶酪，比如皮埃维（piave）奶酪、拉特利亚（le latteria）奶酪、卡勒尼亚（le carnia）奶酪和阿勒托卡勒尼亚奶酪，这些都来自弗利乌岛。所有这些全硬和半硬的奶酪，都是这个地区的人们喜欢的奶酪。如果把拉特利亚奶酪加到放了莫泽雷勒（mozzarella）奶酪的披萨里，味道就会比工厂做的莫泽雷勒干酪更加丰富，这是我从我的妈妈那里学到的。
- 与布里克奶酪（ubriaco，意思是喝醉的）是一种半硬的奶酪，是特雷维索地区特有的奶酪。它是与拉波索（raboso）红酒一起发酵的，这种红酒是用这个省特产的葡萄酿造的。把奶酪放到葡萄汁里一起发酵的传统可以追溯到一战期间，当地农民把奶酪都藏到桶装的葡萄汁里避免落入侵略者之手。这款奶酪，香气诱人，果味浓郁，有轻微刺鼻的气味。和白玉米一起吃，味道很棒。
- 卡萨特拉（casatella）是一款非常好吃的奶油状奶酪，在特雷维索也很常见，需要在特别嫩的时候吃。一般发酵4–8小时口感最佳。它有一股淡淡的奶味。小孩非常喜欢。因为这是一款液体状的奶酪，所以买了之后就得立即食用。
- 整粒彩果芥末酱可以和其他奶酪、肉（蔬菜烩肉）或者和圣诞水果蛋糕一起吃。
- 吃甜食，配着利口酒或路萨朵樱桃味力娇酒，味道会更好。

熟食店

索普雷萨（sopressa）猪肉肠，是一道非常好吃的意大利菜肴。肉质鲜嫩，口感很棒，味道纯正可口。用刀切片后，配上匹克罗帕尼诺三明治（piccolo panino）味道简直完美！这里也提供真空包装的猪肉肠。

你还可以去店里直接品尝这些发酵时间（一般都超过14个月）不同的香肠。紧挨这里的弗利乌地区也盛产种类繁多的香肠，比如圣丹尼艾乐（San Daniele）香肠、好吃的苏丽（Sauris）香肠，还有艾米丽罗马涅（l'Emilie Romagne）盛产古拉乐罗（culatello）香肠和帕尔马火腿。

红酒

来了威尼斯，一定要带一瓶威尼斯白葡萄酒回去！因为这真的很珍贵！普罗塞克起泡酒是用葡萄手工酿造的，还有开胃酒（拉玛佐第、斯莱特、阿佩罗等）也是酒吧不可或缺的酒。但饮酒要适度，酗酒危害身体健康！

威尼斯小吃和美食

- 圆面包起源于布索拉甜面包（见242页）。以前人们叫做面包饼干，因为它可以保存很长时间，所以经常出海的水手们很喜欢吃这种面包。圆面包是用精选的优良小麦粉、橄榄油、麦芽糖、酵母粉和盐制成。
- 手工饼干，像特雷维索地区的费古利的威斯纳德拉（figuli de Visnadello）饼干，就非常精细，还有诱人的比巴内斯（gressins bibanesi）圆面包，它用橄榄油和卡姆小麦粉制成，在超市里出售。做工更加精细的萨尔托雷利（Sartorelli）手工饼干上还有杏仁和坚果。一块入口，就停不下来哦！
- 白果利（baicoli）饼干。这种好吃的饼干是威尼斯的特产。做工精细，薄脆，蘸上咖啡或者奶油一起吃，口感非常棒。一般是放在一个外包装画满漫画的盒子里出售的，从我儿时有记忆就是这样，从来没变过（外包装画满漫画的盒子在超市里出售，金属的盒子在面包店出售）。
- 威内托克龙涅的芒多尔拉多（mandorlato di Cologna Veneta）牛轧糖，是一款及其松脆可口的牛轧糖。其历史有上百年之久。它是用精选的杏仁、蜂蜜、糖和鸡蛋清，熬制9个小时才能制成。这款牛扎糖只在圣诞节的时候才有。
- 还有一包用来蘸饼干吃的咖啡粉！

咖啡的清香，搭配松脆的手工饼干，再加上牛轧糖的香甜，如此美味在唇间口中徘徊停留，简直就是一种享受！

蔬菜

我经常用行李箱带几斤蔬菜回去。春天，我会买一些来自潟湖岛圣爱拉斯谟的一些蔬菜，把四五月份的朝鲜蓟和小的嫩洋蓟（castraure）切碎了放到沙拉里，再放上嫩豌豆。对于野菜，我特别喜欢不丹蝇子草（carletti）和蒲公英（bruscandoli，见212页），它们大部分是用来做鸡蛋和烩饭的配料。我也不会忘了用来做沙拉的美味巴萨诺（Bassano）白笋和猪毛菜。在冬天，我会买一些特雷维索的菊苣（radicchio）。

红酒

适宜的气候、精心种植葡萄的传统、适于生长葡萄的土壤还有葡萄园艺术，让威尼斯地区近几年成为意大利最大的红酒出产地。传统的黑葡萄品种有龙迪内拉（rondinella）、莫利纳拉（molinara）和科维纳(corvina)；红葡萄品种有拉波索（raboso）；白葡萄品种有卡尔卡耐卡（garganega）、普罗塞克（prosecco）、维多佐（verduzzo）和特雷比奥罗（trebbiano）。瓦尔波利切拉（valpolicella）是最有名的一个红葡萄品种。口感清淡，有香甜的水果味，不用发酵很长时间就可以喝。将阿玛罗尼（amarone）葡萄发酵后残余的果渣添加到瓦尔波利切拉葡萄酒中，继续发酵就酿成了里帕索（ripasso）葡萄酒，可以增添葡萄酒的复杂度和浓郁度，这种新奇的酿造手法很受大家欢迎，主要是搭配肉、香肠和玉米饼一起食用。阿玛罗尼干红的酒精浓郁，味道更加丰富。而雷乔托红酒，口感很奇特，温和饱满。前者因自身特性，专门用来在秋季搭配鸡肉、发酵后的奶酪和熟肉一起食用；而后者口感柔和浓烈，可以留到最后作为餐后酒，或者搭配以水果为基底的糕点还有饼干食用。提到葡萄园，不得不说离此地10公里之外的维奥娜家族，他们出于对传统的尊重，精心呵护着有几十年历史的葡萄园。在维琴察旁边，坐落着一个叫甘贝拉拉的小镇，当地的葡萄品种卡尔卡耐卡属于白葡萄，那里的白葡萄品质优良。这个地方有个叫安吉莉诺穆勒的酒窖，那里珍藏着马耶利（masieri）、萨萨亚（sassaia）和比格（pico）酒，它们共同展示着大自然神奇的力量。这些红酒味道富有层次感，搭配威尼斯小吃、全素开胃菜、鱼肉、菜烩饭或是海鲜烩饭，味道都非常好。

至于口感清淡，发酵时间也不长的经典白葡萄酒，推荐位于维罗纳的皮耶罗潘酒庄的经典索阿韦（soave Classico）。这款白葡萄酒是由当地产的白葡萄卡尔卡耐卡和特雷比奥罗酿成的，它口感很完美，可以搭配当地所有食物，比如朝鲜蓟、南瓜花、沙丁鱼、烩饭，甚至弗里托勒炸糕等甜点。对于像杏仁脆饼、扎莱缇玉米饼干，福卡恰和焙干水果玉米饼，可以选用口感柔和的克特拉塔白葡萄酒，它会让你想起蜂蜜、果干、杏仁和香草的香味。这些酒的产地是在布雷甘泽，维琴察北部，那里有一小群葡萄种植者在坚持种葡萄，确保红酒生产原料不会间断。

说起威尼斯潟湖，那里出产一种非常稀有的葡萄酒——威尼斯奥尔托（l'orto di Venezia）。它来自传统的意大利葡萄组装流水线，是一款含矿物质的白葡萄酒，它可搭配以海鲜、朝鲜蓟和芦笋为基底的潟湖特色菜品。

接下来要介绍的是紧随其后诞生的，比索（Bisol）家族酒窖出产的威尼萨（venissa）酒。这个家族已经以酿造气泡酒而出名，他们又经过10年的研究和探索，为我们献上了独一无二的白葡萄酒——威尼萨，这种酒用的是当地的一个葡萄品种——多罗娜葡萄酿造的，这种葡萄生长在与布拉诺岛相连的马佐尔博岛上的特图纳威尼萨。搭配意大利面或是用明虾、龙虾、螃蟹等做成开胃菜，味道都很赞！这款酒经过半年到一年发酵才能酿造成功，产量受到严格的控制。

在意大利北部的特雷维索省，还出产一种干性白葡萄酒，味道有轻微的花香，普罗赛克起泡葡萄酒既可作为开胃酒，也可以作为餐中酒。除了作为开胃酒以外，普罗塞克和汤、以面条为主食的头菜、新鲜的奶酪、鸭肉、鸡肉和兔肉一起食用味道也非常好！格勒高勒托（Gregoletto）家族的葡萄酒酒窖位于瓦尔多比亚德内，科内利亚诺 和维尼托维托里奥之间的丘陵地区，这个家族几个世纪以来都在种植白葡萄，这才使普罗塞克气泡酒拥有了上等的品质。

越来越多酿造葡萄酒的人愿意冒着风险去生产纯天然的葡萄酒：也就是在葡萄酒酿造过程中不进行任何人为的干预。普罗塞克气泡酒就是以卡萨贝尔菲的残渣为基底酿造而成的。这款酒可以跟意式丸子、鸭肉酱、奶油烤猪肉和鳕鱼干搭配食用。

威内托和它的邻居弗利乌・威内托・朱莉安，共同分享着财富和众多葡萄品种。人们发现，有时候两个地区的葡萄品种一样，有时候也会出产一些地方特色品种，比如白葡萄有托凯弗留（tocai friulano）、玛尔维萨（malvasia）和丽波拉（ribolla）；而红葡萄有莱弗斯科（refosco）和斯奇派蒂诺（schioppettino）。

克利维1号店用维多佐和丽波拉白葡萄来为人们制作香气扑鼻、口感复杂、味道很特殊的各种葡萄酒。供人们品尝的酒可以跟当地的甜点、发酵后的带点绿色霉点的干酪，或者贝壳类海鲜一起搭配品尝。

意大利红酒的供应商，玛丽娜思古班（Marina Sgubin）位于戈里齐亚和乌迪内之间，该供应商提供高品质的红酒，传统上口感清淡，果香味浓郁。这些红酒经常和夹香肠的玉米饼，意大利猪肉肠，或野味一起食用。

这个地区不只生产优质的红酒，还生产家喻户晓的渣酿白兰地（Grappa）蒸馏酒。在威内托北部的巴萨诺・德尔格拉帕地区，这种开胃酒是在蒸馏葡萄酒的过程中诞生的。可以在吃完饭以后喝，单独喝或者是搭配咖啡喝，这样可以增加咖啡的香气。

值得一去的好地方

漫步卡纳雷吉欧区(48—49页)

1—达乐玛斯面包店
卡纳雷吉欧区149/150号
电话：+ 39 041715101
星期一和星期二关门

2—犹太人沃尔普面包房
旧犹太区
卡纳雷吉欧区1143
电话：+ 39 041715178
www.panificiovolpegiovanni.com
星期天下午1:00—5:00关门

3—阿尔提蒙小吃店/饭店
奥尔梅斯运河
卡纳雷吉欧区2754
电话：+39 0415246066
星期三关门
营业到凌晨1点

4—阿勒度贡多莱特
竖琴堤岸餐厅，卡纳雷吉欧区3016
电话：+39 041717523
晚上关门，周末不营业

5—阿尼斯斯特拉托
桑撒运河堤岸
电话：+39 041720744
星期一和星期二关门

6—哥斯达黎加马奇咖啡店
里约圣莱昂纳多
卡纳雷吉欧区1337
电话：+39 041716371
www.torrefazionemarchi.it

7—康提娜酒吧
圣菲利斯广场
卡纳雷吉欧区3689
电话：+39 0415228258
星期天关门

8—维尼达吉吉欧
圣菲利斯运河堤岸
卡纳雷吉欧区3628a
电话：+39 0415285140
星期一和星期二关门
www.vinidagigio.com

9—安缇卡阿德莱德餐厅
普留利卡大街，卡纳雷吉欧区3728
电话：+ 39 0415232629
星期四和星期天早上关门

10—阿拉维多瓦/卡德奥尔奥
德尔皮斯托，卡纳雷吉欧区3912
电话：+ 39 0415285324
星期四和星期天早上关门

漫步圣保罗区(86—87页)

1—马克波尔卡马斯克鱼店
里亚托市场
电话：+39 3356626115
星期天和星期一关门

2—普洛顿鱼店
圣保罗319
电话：+39 0418220298
www.prontopesce.it
星期天和星期一关门

3—费马酒吧
圣保罗317

4—多莫利
多莫利大街，圣保罗429
电话：+39 0415225401
营业时间：8:30—20:30
星期天关门

5—阿尔克
奥克西阿来大街，圣保罗436
电话：+39 0415205666
星期天关门

6—康提娜多斯巴德
多斯巴德大街，圣保罗859—860
电话：+39 04115210583
www.cantinadospade.com
星期一到星期天营业时间
15:00—18:00

7—安缇仕卡拉帕尼
卡拉帕尼大街，圣保罗1911
电话：+33 0415240165
www.antichecarampane.com
星期天和星期一关门

8—巴尔米吉雅诺杂货店
贝拉维也纳广场，圣保罗214
www.aliani-casadelparmigiano.it
星期天、星期一、星期四下午关门

9—奥雷梅丽卡酒吧
贝拉维也纳广场，圣保罗213
星期天关门

10—马斯卡利杂货铺
斯佩日阿里街，圣保罗381
电话：+39 0415229762
www.imascari.com
星期天和星期三下午关门

11—拉古那卡里尼肉店
斯佩日阿里街，圣保罗315
每天下午和星期天整天关门

12—总督咖啡馆
五大街/圣保罗609
电话：+ 39 0415227787
营业时间：7:00—19:00
星期天关门

13—阿拉尼
裁缝铺、奶酪店、熟食店
里亚托市场，圣保罗654
电话：+39 0415224913
星期天和星期一下午关门
营业时间：13:00—17:00

14—扎尔迪尔面包店
梅洛尼大街，圣保罗1415
电话：+ 39 0415223835
星期二关门

15—邦科吉多餐馆
威尼斯小吃和饭店
圣贾科莫广场，圣保罗122
电话：+39 0415232061
www.osteriabancogiro
星期一关门

16—玛多娜餐厅(一家60年代的饭店)
玛多娜大街，圣保罗594
电话：+39 0415223824
www.ristoranteallamadonna.com

17—维西奥福利多兰饭馆
以其速食炸鱼而出名
和吉娜大街
圣十字斯提耶尔2262
电话：+39 0415222881
www.veciofritolin.it

漫步塞斯特雷城堡&圣马可广场(144—155页)

1—洛萨萨尔瓦
冰激凌、面包
圣吉瓦尼广场，城堡区6779
电话：+39 0415227949
www.rosasalva.it
星期一到星期天，营业至20:30

2—阿尔彭特酒吧，小吃
卡纳雷吉欧区6378
电话：+39 0415286157
www.ostariaalponte.com
营业时间：星期一到星期六8:30—20:30
星期天关门

3—法语书店
芭尔芭利亚托尔大街，城堡区6358
电话：+39 0415229659
营业时间：星期二—星期六9:00—12:3　下午15:30—19:30
星期天和星期一关门

4—马萨科尔塔名品葡萄酒酒吧
兰卡圣玛利亚福尔摩沙大街，城堡区5183
电话：+39 0415230744
营业时间：19:00—2:00
星期三和星期四关门

5—特斯提耶尔饭店
蒙多诺瓦大街，城堡区5801
电话：+39 0415227220
www.osterialletestiere.it
星期天和星期一关门

6—科沃餐厅
佩斯卡利亚大街，城堡区3968
电话：+39 0415223812
www.ristorantealcovo.com
星期三和星期四关门

7–拉克特索塔饭店
佩斯特兰大街，城堡区386
电话：+39 0415227024
星期天和星期一关门

8–艾尔多达罗冰淇淋店
圣马可广场3号
营业时间：8:00—20:00

9–花神咖啡店
圣马可广场56号
电话：+39 0415205641
www.caffeflorian.com

10–戈亚迪咖啡馆
圣马可广场56号
维察琴地区30124
电话：+390415205641
www.alajmo.it

11–哈利酒吧
瓦拉尔索大街，圣马可区1323号
电话：+39 0415285777

漫步圣十字–多尔索杜罗–朱代卡区（168–169页）

1–普罗塞克酒吧、酒店
圣贾科莫广场，圣十字区1503号
电话：041 5240222
营业时间：星期一到星期六9:00–20:00
星期天关门

2–阿拉斯加冰激凌店
拉卡巴里大街，圣十字区1159号
电话：+39 041715211
营业时间：12:00—22:00
冬天星期一关门

3–阿拉祖卡饭店
美吉欧桥，圣十字区1762号
电话：+39 0415241570
www.lazucca.it
星期天关门

4–托诺洛酒吧、糕点店
圣帕塔隆大街，
多尔索杜罗区3764号
电话：+ 39 0415237209
星期天下午和星期一关门

5–圣玛格丽塔广场
这是一个很大的广场，这里有几棵树，有营业到很晚的酒吧，还有一个卖蔬菜和鱼的小市场。

6–巴卡水果和蔬菜店
多尔索杜罗区2837号
在普尼桥下面
电话：+ 39 0415222977

7–圣庞蒂克
酒窖，熟食，肉食店
圣巴拿巴广场
多尔索杜罗区2844号
电话：+39 0415236766

8–格罗姆手工冰激凌店
一周7天都营业，营业时间：夏天上午11点到深夜
有三家分店：圣巴拿巴广场店
圣保罗3006号多尔索杜罗店
卡纳雷吉欧3844号德弗拉里广场店

9–毕特饭店
圣巴拿巴兰戈大街，多尔索杜罗区2753a
电话：39 0415230531
晚上营业，星期天关门

10–弗拉托拉饭店
圣巴拿巴兰戈大街，多尔索杜罗区2869
电话：+39 0415208594
星期天关门

11–克鲁西爷爷蛋糕店
圣巴拿巴兰戈大街，多尔索杜罗区2867a
电话：+39 0415231871
星期四到星期六营业

12–艺术之家酒吧/饭店
德拉托莱塔运河堤岸，多尔索杜罗区1169a
电话：+39 0415238944
营业时间：8:00—22:00
星期天关门

13–妮可冰激凌店
扎特雷运河堤岸，多尔索杜罗区922
电话：+39 0415225293
www.gelaterianico.com
7:00—22:00营业，星期四关门

14–康提诺·吉雅世亚维
酒窖，威尼斯小吃和鸡尾酒
圣特洛瓦索桥，多尔索杜罗区922
电话：+39 0415230034

15–里埃维拉饭店
扎特雷运河堤岸，圣巴西里欧，多尔索杜罗区1473
星期一关门

16–阿勒塔内拉
德尔阿尔厄布大街，朱代卡区268号
电话：+39 0415227780

17–法比奥·加瓦宁
朱代卡区592号
电话：041 52 31222

18–克劳迪奥·克罗萨拉面包店
朱代卡区657号
电话：+39 04155206737

19–福特尼艺术布料工作室
塞斯提尔，朱代卡区805
电话：+39 0415287697
www.fortuny.com
星期天关门

在潟湖群岛漫步：马佐尔博岛和布拉诺岛（192–193页）

1–特图纳威尼萨饭店
圣卡特里娜运河堤岸
马佐尔博岛30170号
电话：+39 0415272281

2–阿尔加多内罗
朱代卡运河堤岸88号，布拉诺
电话：+39 041730120

3–达罗马诺
皮扎咖鲁皮221号，布拉诺
电话：+39 041730030

在巴黎

RAP意式杂货铺
罗迪耶路15号
75009 Paris
电话：01 4280 09 91
http://epicerie.rapparis.fr/
在阿莱桑德拉·皮埃里尼的RAP杂货铺，你能找到制作一顿威尼斯大餐所需的所有上好食材！阿莱桑德拉热爱意大利小品牌的红酒，尤其是威尼斯的红酒。她的酒窖绝对值得去参观！非常感谢她配合我一同撰写了关于红酒的章节。

莫利威尼斯酒餐吧
四一九月大街2号，75009 Paris
Tél.：01 44 55 51 55
马斯莫·莫利会为您提供优质的威尼斯大餐。
餐厅官网www.comune.venezia.it

索引

本索引中，大类目按首字拼音的首位字母顺序排列，大类目下项目按页码顺序排列。

致谢

感谢编辑奥黛丽·季楠，感谢卡尔特拍的威尼斯美食图片，那是多么美好的美食回忆啊！

感谢玛利亚、罗伯特和马特欧，你们腾出时间给我做威尼斯的向导。感谢贝蒂、瓦雷里奥、阿莱斯亚、萨比娜、玛奴艾拉、米世拉、我的哥哥卡尔罗、我的表姐阿莱桑德罗和萨特法诺、吉欧赛普拉诺还有吉欧瓦尼格·雷格乐拓，你们告诉我那么多好地方。

感谢我亲爱的菲利普、我的威尼斯朋友皮耶拉·格朗德索、玛丽欧赛科和她的家人、埃马努埃尔·穆拉洛、安良德·诶里塞夫、弗朗塞斯卡·索拉里诺，你们为我提供了热情的帮助。尤其要感谢巴黎RAP商店的阿莱桑德拉·皮埃里尼，感谢你配合我一同撰写了关于红酒的章节！

感谢所有威尼斯的酒吧和饭店为我完成这本书提供的帮助和支持，包括罗拉的维尼达吉吉欧（Vini da Gigio）餐厅、弗朗西斯科的康提娜（la Cantina）餐厅、毛洛·洛郎宗的马萨科尔塔（Mascareta）餐厅、凯撒·贝妮丽的科沃（Il Covo）餐厅、弗兰卡的阿尼斯斯特拉托（L' Anice STél.lato）餐厅、卢卡的特斯提耶尔（Testiere）餐厅、鱼店马克波布尔马斯克（Marco Bergamasco）、弗兰斯科的安缇仕卡拉帕尼（Antiche Carampane）、潘多家族的阿尔克（L'Arco）餐厅、马特欧的邦科吉多（Banco Giro），斯特法诺的阿勒塔内拉（L'Altanella）餐厅、鲁迪的祖卡（La Zucca）餐厅、斯尔维亚的花神咖啡馆（Café Florian）、劳拉的哈利酒吧（Harry' s Bar）、米雪拉·达博娜和吉安·卢卡比索的特努达魏妮萨（Tenuta Venissa）餐厅。

谢谢菲利普·莫代勒、阿勒斯、多米尼克·科菲·路贝利，还有我的母亲，谢谢你们在购物这部分为我提出的意见和建议。感谢罗兰·雪莉慷慨地让我借用福特尼（Fortuny）工作室，感谢LSA国际让我借用110办公室。

参考文献

Agostini P., Zorzi A.,La Table des Doges, Casterman, Tournai, 1992.

…………

Scappi B., Opera, Tramezzino,Venezia, 1570, Arnaldo Forni Editore, 1981.

美食指南：

为了解更多关于威尼斯及其周围泻湖附近好玩的商店和好吃的饭店，我查询了米世拉·斯比利亚的法文书：Osterie e dintorni et Botteghe e dintorni

还参考了这个网站中的内容：www.vianellolibri.com

路线参考：

Hugo Pratt, Guido Fuga, Lele Vianello, Venise, itinéraires avec Corto Maltese, éditions Casterman, 2010.

……

这是一本可以打开五种感官的小书：

……

购物

福特尼SPA

福特尼艺术布料工作室（130页）
朱德卡区805号，威尼斯30123
电话：+ 39 041 528 7697
邮箱：fortuny.com-venice@fortuny.com

巴黎的展厅：罗兰&雪莉

巴黎，邮编75006，艾守德大街17号，
电话：01 42 33 55 91
www.hollandandsherry.com
邮箱：info@hollandandsherry.fr

路贝利

多米尼克·克菲尔为了路贝利商店布料店写的《布克里克》书（126、134、136、160、162、180、210、214、220页）
地址：巴黎75006，修道院大街11-13号
电话：01 56 81 20 20
网站：www.rubelli.com
邮箱：france@rubelli.com

阿黛尔肖恩商店

白台布公司出版的《新一天》（132页）
地址：巴黎75006，雅各布大街33号
电话：01 42 60 80 72
网址：www.societylimonta.com-adele.
邮箱：shaw75@orange.fr

马德拉

《木铁锹》（108页）
圣巴拿巴广场，多尔索杜罗2762号，威尼斯，意大利
电话：+39 0415224181
官网：www.maderavenezia.it

阿雷斯

《盘子和餐具》（104、126、134、136页）
地址：巴黎75008，伯瓦西-当格拉大街31号
电话：01 42 66 31 00
邮箱：showroom.paris@alessi.com
官网：www.alessi.com

LSA国际

《盘子，杯子和小蛋糕》（180页）
官网：http://www.lsa-international.com/stores

罗森塔尔/索米

《盘子》（130页）
www.rosenthal.de

菲利普·莫代乐收藏的皮革桌布
圣·马可收藏的镶花边的银制桌布
还有我母亲的收藏品

图书在版编目(CIP)数据

威尼斯味道：我家厨房里的异国美味 / (法) 劳拉·扎万(Laura Zavan) 著；侯婷婷译. -武汉：华中科技大学出版社，2018.4

ISBN 978-7-5680-3893-5

Ⅰ.①威… Ⅱ.①劳… ②侯… Ⅲ.①食谱－威尼斯 Ⅳ.①TS972.185.46

中国版本图书馆CIP数据核字(2018)第043412号

威尼斯味道：我家厨房里的异国美味

Weinisi Weidao Wo Jia Chufang Li De Yiguo Meiwei

(法) 劳拉·扎万 著 侯婷婷 译

出版发行：华中科技大学出版社（中国·武汉）
电话：(027) 81321913
武汉市东湖新技术开发区华工科技园
邮编：430223
出 版 人：阮海洪

责任编辑：李 鑫 责任监印：郑红红
责任校对：王志红 封面设计：秋 鸿

制 作：北京博逸文化传媒有限公司
印 刷：深圳市雅佳图印刷有限公司
开 本：889mm×1194mm 1/16
印 张：17
字 数：80千字
版 次：2018年4月第1版第1次印刷
定 价：128.00元

PASTICCERIA BAR
Gelati
NICO
ZATTERE 922
VENEZIA - Tel. 52.25.293
www.gelaterianico.com
Caffè del Doge
Caffè del Doge
COCCO
CIOCCOLATO
PINOLI
CREMA
al coro